私の筆記本——立冬
My Note Book / Li-Dong

以新生代觀點，重新詮釋紙文具與消費者間的可能性。
——專訪「品墨設計」王慶富先生

文字 · 攝影 by Hally Chen

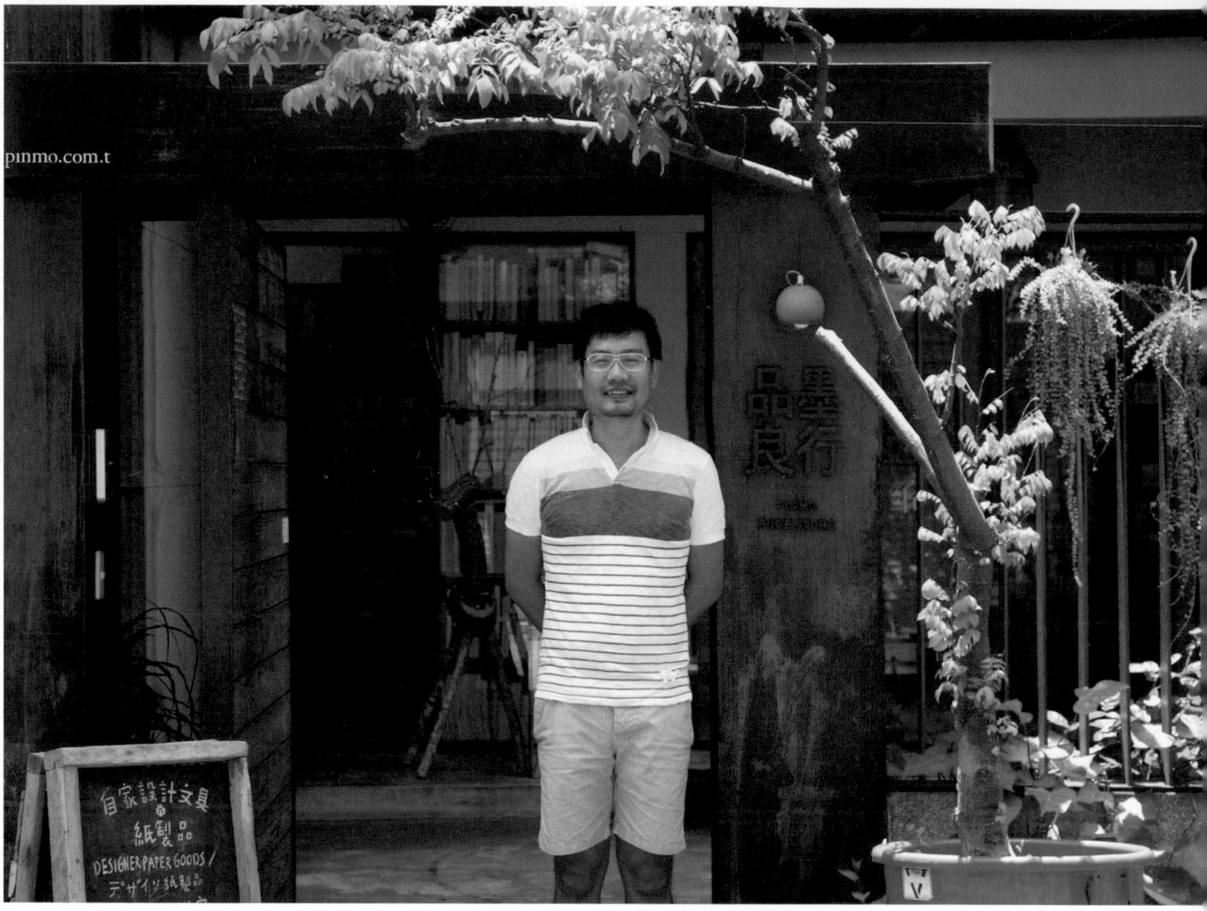

STORY BY 品墨設計

從2009年高雄成立「小花花手作雜貨店」開始，品墨設計就一直是臺灣新生代設計師中除了客戶之外，進一步將創意應用在自我品牌開發的先鋒。成立於2002年的品墨設計不但長期在紙類文具開發上琢磨甚深，同時還發行自己的刊物《有一間小房子的生活》，更於前年及去年先後在永康街成立了「品墨良行」兩間實體店面。以及臺灣第一個「紙的材料室」。積極以新生代的觀點重新詮釋紙文具與消費者之間的可能性，同時與藝術家合作開發各類應用品。這期《文具手帖》希望透過與催生這一切、品墨的負責人王慶富先生對談，讓文具愛好者們知悉一件商品出現在貨架上，背後不為人知的甘苦與初衷。

文具手帖（以下簡稱文）：同時身為品墨設計以及品墨良行的負責人，在為客戶和自己的品牌設計時，心態上有何不同？

王慶富（以下簡稱王）：有趣的是，這兩件事越來越沒有差別。剛開始兩者當然不同，隨著一路幫客戶設計創意，同時為自己發想商品。無論在態度或觀念上的重疊，理想和現實的考量漸漸從兩端往彼此靠攏，心態上處理客戶和自己的商品已經相同。今天我幫客戶設計一件商品，除了美學設計，也會評估他後期能否利用於宣傳上、成本會不會過高、預算上是否花的得宜。我們同時花很多時間在瞭解客戶的生產細節上，而不只是交出一件好看的設計稿。有時也會建議客戶，與其花太多成本在不重要的地方，還不如多付一些設計費給我們（笑）。

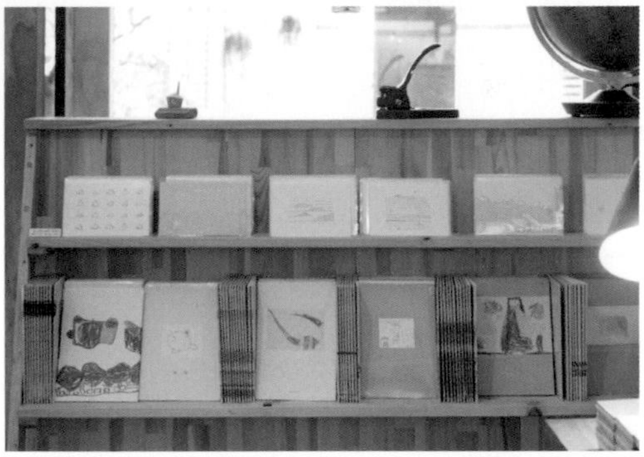

品墨良行擅長運用各類特色紙材於紙品開發上。從美術特選紙的筆記本，到羊毛紙製成的「夏天記得去旅行」明信片，都很受消費者歡迎。

文：品墨是國內少數年輕業者中，不斷開發紙類文具產品的品牌。可否分享這幾年的心得？

王：像我們最近正在做筆記本的特價活動，以品墨的產品材質和品質，顯而易見我們是不敷成本。只是與其讓它堆放在倉庫，還不如被人使用。這幾年開發設計紙品，我們發現大家都喜歡紙這項材質，客人在價格的接受度上存在兩極。假設如果一支鋼筆賣一千元，多數人覺得合理。但是一件紙品賣一千元，可能有人覺得太貴，也有人就是想要這樣精緻的商品。這些經驗幫助我們日後在商品開發上更謹慎，用適切的成本創造實際的價值。雖然我們注重產品的細節，但這件事不一定會被消費者察覺，但不代表細節就不重要。我們關注他們的意見，目前我們還有一間「紙的材料室」，就是以相同的理念，提供給消費者做自己想要的紙文具。

這本品墨良行為橡皮擦先生設計的筆記本，擁有多種不同紙材內頁，滿足橡皮擦愛好者喜歡嘗試不同質材的需求。

（右上）餅乾小子鉛筆盒，紙盒除了可以裝餅乾，一端的小孔內設計藏有削鉛筆器，擁有裝點心和鉛筆盒兩種功能。（左上）配合品墨良行今年舉辦「小恆星大宇宙」創作展限量發行的黑紙本，黑色內頁可使用鉛筆塗鴉。（下）「紙的材料室」位於品墨良行巷內店地下室，提供工具、器材和精選紙材供客人挑選，動手製作自己心中想要的紙品。

文：可否簡單介紹一下「紙的材料室」？

王：「紙的材料室」位於品墨良行的地下室，牆上有簡單步驟提示。我們提供工具和器材，有騎馬釘、雞眼釦、穿線工具，和我們精選的紙材供客人挑選。你可以在這個空間運用這些工具，花一個下午享受設計製作自己的筆記本、明信片、卡片的樂趣。我們想要強調的是，鼓勵客人聽從自己的想像，找到你自己生活中使用的紙文具該有的長相，同時享受這些工具。有趣的是，我們在談文具的同時，也是在使用文具。透過運用這些文具，創造自己獨一無二的紙文具。這可能是我們和一般文具店不大相同的地方。

文：品墨長期在紙品的研發下了不少工夫，有沒有甚麼紙材曾讓你們印象特別深刻？

王：像是這支高厚環保紙我們就很常使用，是我們接觸最久的一支紙。他的手感和色調剛好對應到我們的偏好，不是那麼慘白或沒有表情，雖然在設計上材料沒有表情並不是壞事。我們常拿它作實驗，從一開始自己發行的刊物，到後來「晒日子」的年曆，都是利用它在陽光曝曬下會留下痕跡的特性。加上成冊後裁切面摸起來有棉質的感覺，邊緣鋸過後的效果，也很符合我們想要的暖意，彩色印刷上表現出色。這支紙放越久越好看，有它自己的表情。最近我們正在用它實驗其他新元素的產品，近期內會公開。

品墨良行街上店附有開放式廚房，提供美味手工餅乾的製作及販售。

品墨良行街上店坐落於永康街上，是品墨在此區第二個實體店，提供更多的生活良品。

文：品墨接下來有何新的計畫？

王：社區性的文具店，並非販賣甚麼名牌文具，而是像記憶中小時候社區常見的日常文具店。至於紙的開發我們雖然沒有固定的年度計畫，不過這件事一直沒有停過，我們一直在進行。近期規劃推出 Work shop，還在討論細節。同時正在籌備年度重要設計，包括 2015 日誌本及相關紙本。

文：這兩年有不少年輕朋友投入文化產品的開發，您從 2002 年創立品墨至今走過了十二年，有沒有什麼話想送給他們？

王：沒有，我覺得有很多事，你無法從別人的口中得到真實的經驗，只有自己實際走過。在臺灣開發自己的文化商品是辛苦事，很容易就磨掉許多熱情。老實說如果不是我真的熱愛這一塊，沒有辦法堅持那麼久。退一步想，或許經歷這些，將來能給我的小孩比較受用的人生經驗。臺灣不少人也正在做與我們相同的事，雖然內容不同，我相信初心是一樣的。或許我們在市場走的比較早，相對辛苦一點；最近有股強烈感覺，之前的歲月都是在履行夢想，像是玩伴家家酒。如今學習告一段落，現在才像是開始創業。每個創業者過程都和我一樣，花了很多錢與時間在起頭。我的夢想不會消失，只是會更重視根本。夢想必須在商業市場上禁得起考驗，有了實質的合理收益，品牌才能順利走下去。

以手工製作少量並附有質感的生活布物也是品墨良行的計劃之一，並在街上店內販售。

品墨良行。巷內店
臺北市永康街 75 巷 10 號
電話：02-23968366
營業時間：星期一至五，10:00 至 12:00，下午 1:30 至 7:00
星期六日下午 1:00 至 7:00

品墨良行。街上店
臺北市永康街 63 號
02-23584670
營業時間：12:00 至 20:00

63

Contents

Pencase Porn！

除了收集擁有，
文具迷們最感興趣的一件事，
就是窺看別人的文具收藏及應用。
既然如此，
就一起大方欣賞吧！

新單元【Pencase Porn！】，首發登場的是歌手郭靜，
歌聲純淨溫暖的郭靜，竟也是位十足的文具控，
除卻歌手身份，談起文具就成了雙眼發亮文具迷，
採訪中她大方分享了自己的文具收藏，
也暢談挑選文具的想法及曾經有過的夢想，
好奇嗎？就快快翻開本頁吧！

NT$230

Claire 郭靜的文具豔遇

文字 by 黑女　攝影 by 王正毅

對手帳的執著，每日行程變一周大精選也要寫

我寫手帳規矩很多，首先，我的手帳一定要有月記事和周記事，size 不能太大，以前會買一些卡通主題手帳，比如玩具總動員或 Care Bears，後來因為想自己畫，手帳本就不能太花，於是買了素色只有格子的，不過只有格子的自填式手帳其實也有個困難點，就是千萬不可寫錯！一失足成千古恨，寫錯一天就可能會毀掉一整年。寫方格月記事一定要用細字筆，但用黑色或比較深色的筆去寫時，就會覺得好不協調哦，所以後來大多選擇咖啡色或是淡色，搭配 0.3 或 0.5 的筆徑，來寫月記事的部分。

另外一定要買的是印相機，我買的是 Polaroid（拍立得）品牌的。雖然相紙要價不斐，但有時快過期的相紙會打折，就會趁機囤貨，過期的相紙偶爾也會帶來一些驚喜，比如一印出來，才發現自己和朋友的臉變成綠色之類的（笑）。通常會隔一段時間，才一口氣把手機裡的相片輸出，畢竟一忙起來，有時真的會忘記自己擁有印相機……。它雖然方便，但也有麻煩之處，就是需要充電，心血來潮突然想印時，卻必須要充電，實在有點煞風景。

寫手帳的習慣大概從高中時期開始，也常常看關於手帳本的雜誌或是相關的部落格，很羨慕別人的手帳本怎麼都那麼繽紛！可是我真的是會有惰性，也因為唱片宣傳期實在太忙，一整天工作回家很累，就沒辦法再強撐精神寫手帳，只好一、兩周甚至一個月來個「大總匯」，不分天直接寫在某一天上面。要出國工作時，也會在手帳寫上必備品，還可以參考以前帶了些什麼，避免自己忘記。平常會用插畫或是PLUS的「Decorush」花邊帶來裝飾手帳，花邊帶的圖案非常可愛，使用上稍微有些難度，大概必須以時速0.2公分前進，反正「嚕」歪了也是自己的手帳本，沒關係。

我很喜歡黑色封面、再生紙材質的空白記事本，雖然還沒使用，但好喜歡帶著它、隨時寫下心情筆記或是塗鴉的氛圍。用來寫的手帳和畫圖用的紙質要求完全不同，如果是繪圖用，我希望是可以使用水性色鉛筆的內頁，可以製造暈染的效果，目前最常用的畫具是Faber-Castell的24色紅盒水性色鉛筆，趁它在特價，毫不猶豫地買了！當然內心還是很覬覦120色的綠盒藝術家級專業款，但是它們所費不貲，是我的夢幻逸品，我常常去文具店望著櫥窗裡面像小行李箱一樣的色鉛筆，心裡狂問自己：「May I？」希望有一天能入手。

塗塗畫畫樂趣多，曾經夢想當漫畫家

好像是從小學高年級開始喜歡畫畫，從前不是很流行在木頭的桌子上面鋪透明墊板，然後下面壓很多東西嗎？我就會在下面放自己畫的漫畫。小時候超愛《灌籃高手》、《美少女戰士》，會照著漫畫臨摹，所以我非常會畫美少女戰士，連下筆的順序、月野兔的兩條馬尾，即使到現在我都可以畫出來。我只是照著畫，完全沒有去上素描啦、美術那些課程，所以畫些小插畫還可以，叫我畫整幅山水畫就沒辦法了！

前幾年當紅的遊戲「Draw Something」我也有玩，因為很有趣超級沉迷，連吃飯都在draw，當時還因為手機太小、手指畫又會歪，畫不過癮，狠下心買了新的iPad和觸控筆，還花錢買遊戲中的顏料，結果殊不知買沒多久熱度過了，大家都不draw了，變成「Draw nothing」，好傷心！但我還是喜歡手繪的感覺，因為不太會操作繪圖板，手繪可以隨時修改、反而電繪要開很多圖層，對於初學者難度高了點。

因為3C沒那麼行，平時頂多是用Line Camera的手繪功能畫一些表情插圖，它可以儲存起來非常方便！原本是自己塗塗畫畫，後來意外變成工作的一環，因為唱片企畫和經紀人鼓勵我，先是在雜誌連載，接下來像是《我們都能幸福著》專輯的預購贈品，其實就是我自己畫的「向日獅」手提袋；今年發行的新專輯《豔遇》的改版數位專輯也是我自己設計的「郭小靜」隨身碟，裡面有全專輯的歌曲。

歌迷知道我喜歡畫畫，有人送我畫冊、師妹曾靜玟也送我彩色鉛筆，還有同事送我一套Tombow的「色辭典」色鉛筆，殊不知我自己也很愛買，色鉛筆已經有上百枝，最好笑的是，有一次為了畫義賣的鞋子，採購了一些壓克力顏料，後來發現它們太好用，不知不覺越買越多，家裡都快放不下了！文具真的是買不完哪，我特地網購了一個帆布置物箱，專門用來放畫具。

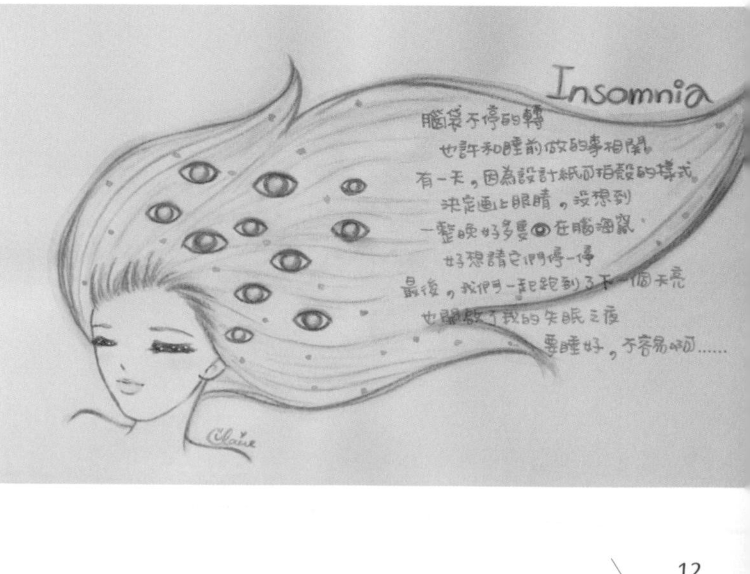

筆袋不嫌多，分門別類要收好

我身上一定要有的文具有兩項，一種是多色筆，另外一種就是棕色的筆，因為我特別喜歡用棕色系寫手帳，所以有點「顏色病」，就是到文具店會一直去看那些不同色系、品牌跟粗細的棕色筆，然後忍不住採買回家試寫。買筆真的很難，尤其我要求很多，比如不能透背、又要滑順好寫，要找到心目中的棕色也是一門學問，會忍不住把所有筆尖粗細都一次買齊以備不時之需，從0.3、0.5、一路買到0.7、1.0之類的。

最近比較符合理想的是Pilot的魔擦樂樂筆，我已經買齊全色了！反正看到一整組的色筆，不管能不能試寫我都很容易衝動購物。用了魔擦筆之後，再用其他筆就覺得寫字寫得戰戰兢兢，因為魔擦筆可以隨時擦掉重來，真的是很棒的發明耶。像是專輯署名的時候，說不定人家不一定想要有簽名的版本啊，就可以隨時擦掉（大笑）。還有另外一款台灣未販售的0.7mm「鋼珠鉛筆」也是魔擦筆系列，是去日本時購入的，同樣是忍不住集全色了，魔擦筆是不是應該找我代言……。百樂的「Petit 3」也很有趣，它是透明鋼筆的模樣，但卻有像毛筆的筆尖，可以灌彩色墨水，我看到時非常興奮，心想是不是會有12色，但其實只有8色，它用起來水量豐沛很容易透紙，所以大多用在寫卡片或畫在厚水彩紙上，發色非常亮眼。

我平時很愛逛文具店，但是因為學生很多，必須「變裝」戴口罩才能放心舒爽的逛，像是久大走道特別窄，要一直說借過，不變裝的話很尷尬。大家如果在各大文具店發現一個戴口罩、又不跟人目光交集的可疑人物，可能就是我，哈哈！我還記得第一次去逛墊腳石南京西路門市，逛到走不出來，一口氣花了兩千多塊，我不曉得我怎麼了，連羽球造型的小吊飾和襪子都買！之前也曾經在聖誕節期間，想在校園演唱時發糖果給台下的同學，所以特地到文具店找透明包裝紙、自己裁開包裝，希望能在特定的日子帶給同學驚喜，但因為每場都要發數十個，所以郭媽媽也被我拉下海「家庭代工」一起包糖果，演唱的前一天，都在「手作」。

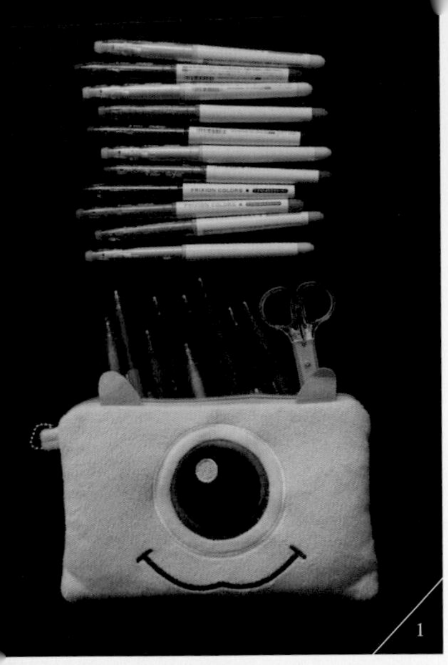
1

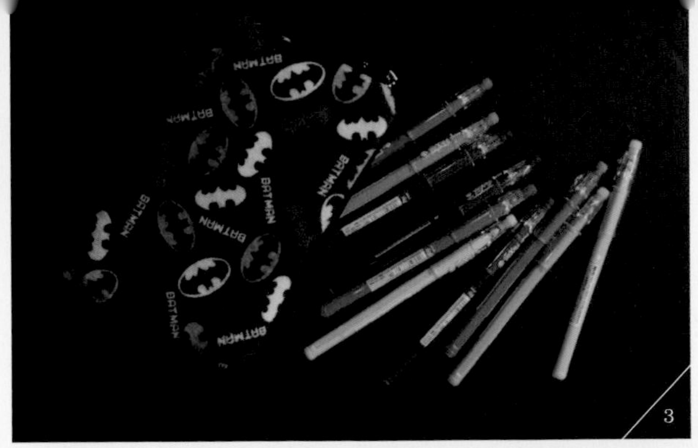

3

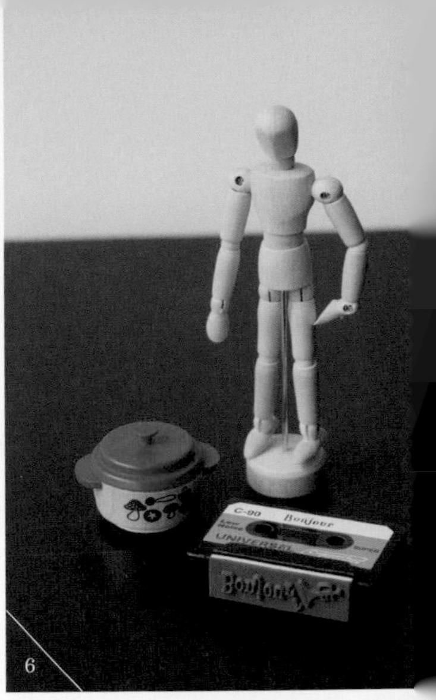

6

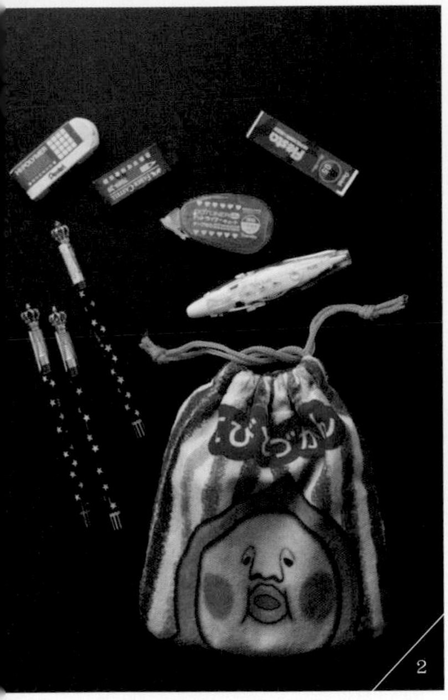
2

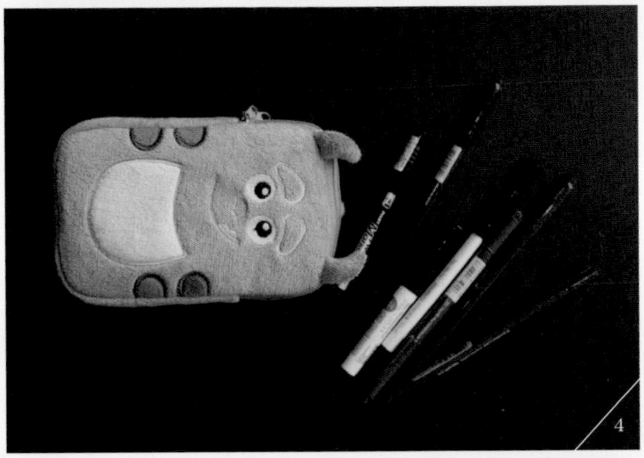
4

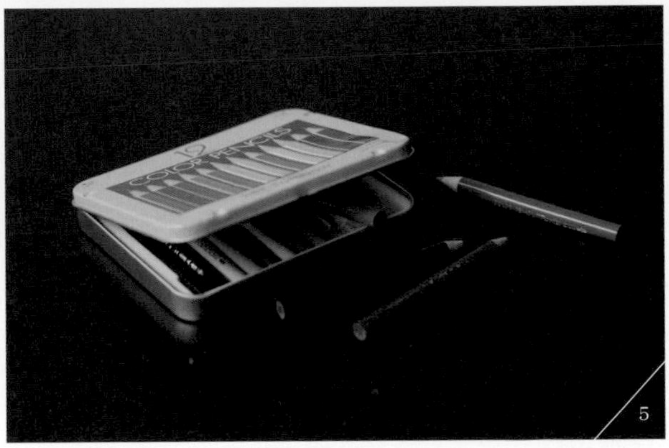
5

7

偷窺郭靜的筆袋和文具收藏

1. 大眼怪毛毛筆袋

購於墊腳石，便宜又好用的收納筆袋！主要收納 Pilot 的魔擦樂樂筆和 0.5mm 的按鍵魔擦筆，寫手帳不可或缺的一袋，毫不手軟的集全色是一定要的。

2. 屁桃收納袋

收納螢光筆、自動筆用的筆袋，Decorush 花邊帶和 KOKUYO 的 Dotliner 滾輪雙面膠等等，裝飾手帳用的工具也都收納在此。

3. BATMAN 彩色 LOGO 筆袋

購於墊腳石，是 0.7mm「鋼珠鉛筆」魔擦筆的家，台灣代理商未進貨的此款魔擦筆購於日本，也是收全色！裡面還有 Petit 3 自來水毛筆。

4. 藍色毛怪方型筆袋

美術用品店和文具店採買的各種描線筆及簽字筆，主要用來畫畫，除了雄獅、可以寫紙膠帶的「神器」Pilot Twin Marker 雙頭油性簽字筆之外，還有包括 Copic 等專業畫材品牌的針筆。

5. TOMBOW 色鉛筆

12 色短版的色鉛筆，有鐵盒裝很方便攜帶，出門突然想塗鴉時非常好用。

6. 人台和造型印章

猶豫了很久才買下的人台，本來是想畫動作時可以參考，不過後來漸漸有了感情，到底動作能不能參考就是其次了，錄音帶和鍋子造型印章都因為造型特殊而下手。

7. 購於韓國的畫冊

很喜歡它們厚實的手感，蘋果圖案的內頁是空白再生紙，畫草圖很好用，黑色的筆記本內頁也是全黑的，通常會用 SAKURA 的粉彩證券筆來書寫。

郭靜的手帳密技

◎各種貼紙貼下去
每年的手帳都會有些附錄的貼紙，即使沒用完也會留下來捨不得丟掉。

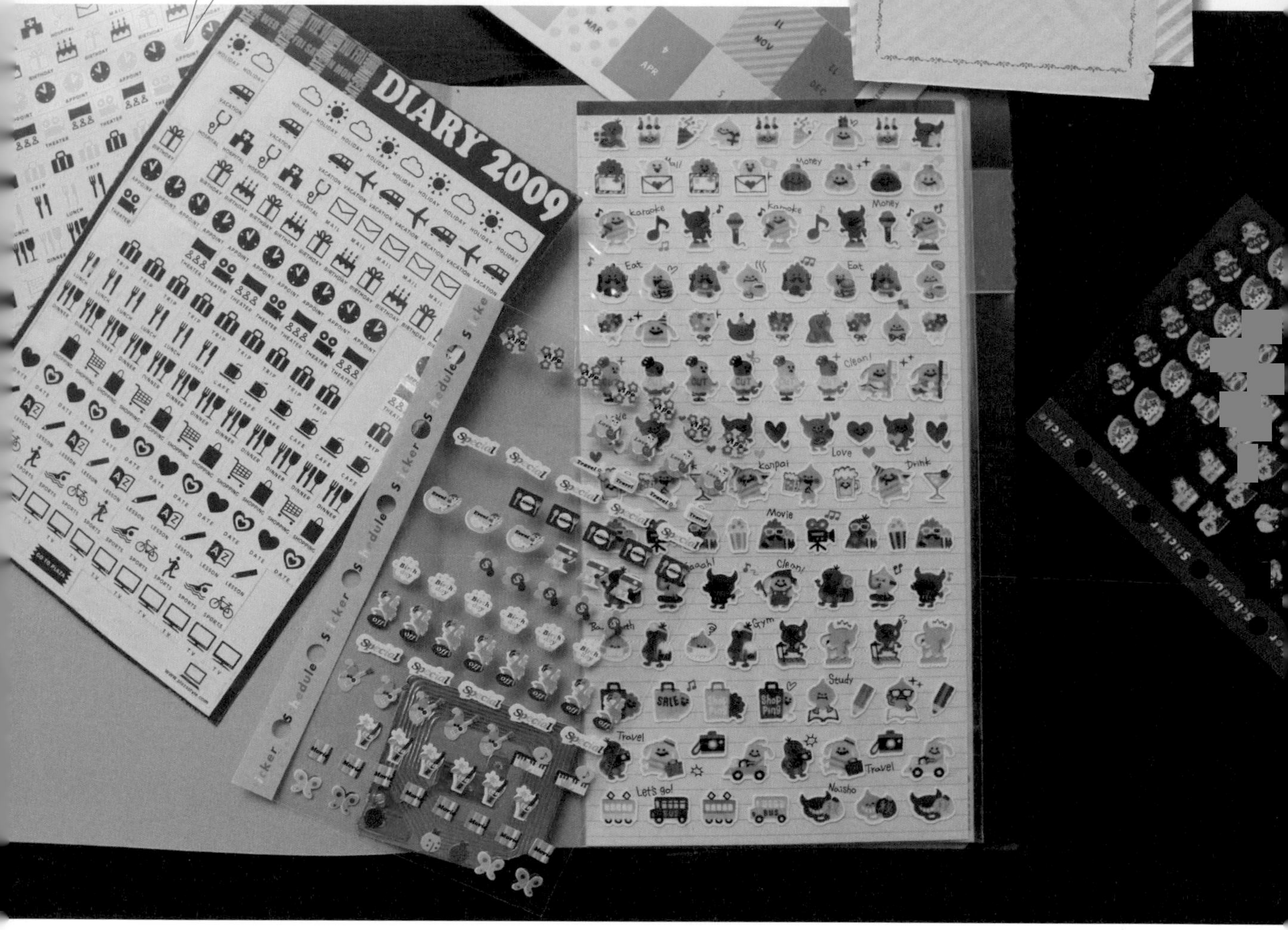

◎以相片記錄
拍立得或輸出的背膠貼紙，可以立即重現當下瞬間的歡樂或感動，「還原現場」。

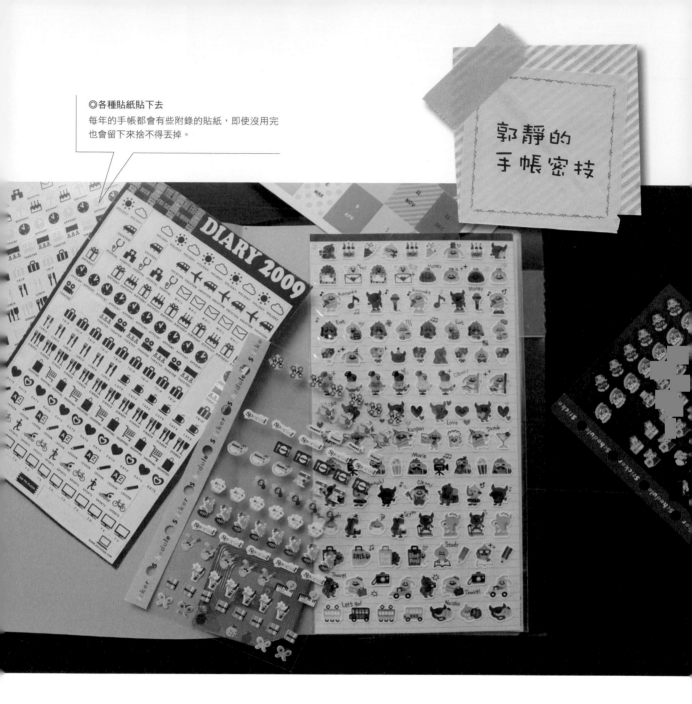

◎貼便利貼
各種各樣的便利貼，除了標示功能之外，
也是裝飾手帳的好朋友。

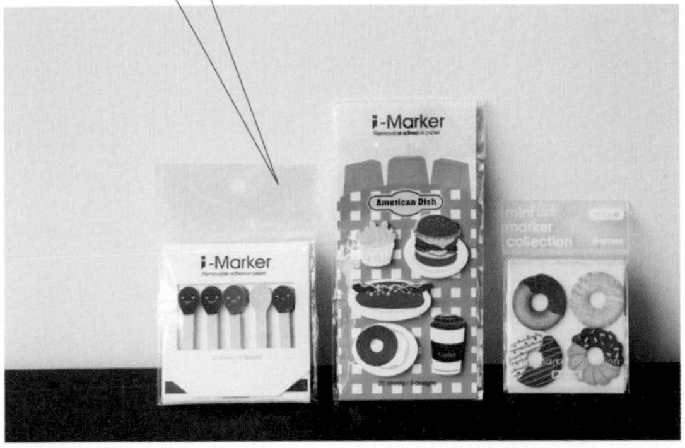

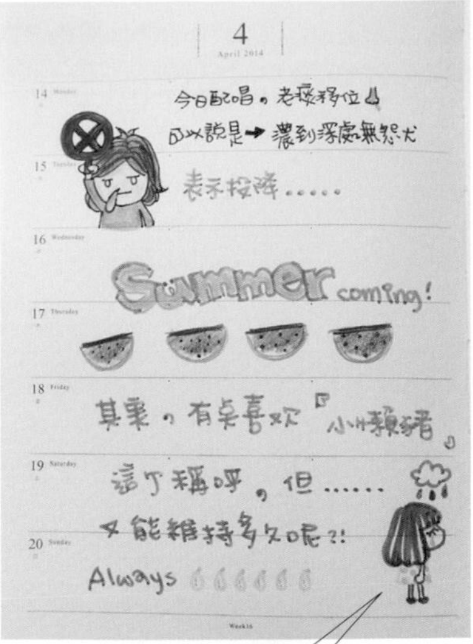

◎手繪圖案
大多使用魔擦筆搭配針筆繪圖，常常是
「一周間大總匯」的精華式記錄。

郭靜推薦的文具店

◎墊腳石南西門市
東西超多又超大，從零食、雜貨到文具、玩偶一應俱全，想要什麼幾乎都買得到，平價文具非常好逛。

◎久大
買廣告顏料或畫材、貼紙的好所在，新文具的進貨速度也很快。

◎誠品文具館
想要找高品質畫本，又懶得特地殺去美術社，就近在誠品買，最近得了一種「各種 size 都收齊」的畫冊病，小尺寸的可以用來做卡片，要畫水彩或色鉛筆就需要大一點的畫冊。

◎ 1300K 弘大店（HTTP://WWW.1300K.COM）
營業到晚上 10:30，連韓團周邊商品都有賣，最喜歡各種彩色再生紙材質的筆記本，一口氣買好多本。

◎ 10X10 東大門店（HTTPS://WWW.10X10.CO.KR）
雜貨為主但也有不少文具，就在東大門 Doota 樓下，除了買衣服也能逛逛文具。

◎ KOSNEY 梨大店（WWW.KOSNEY.KR）
複合式店面，結合雜貨和文具，超級好逛！

about 黑女

深知不可將興趣變成工作，因此文具始終只是閒暇之餘的遊趣，
可以三餐吃泡麵但不能不買文具。
關鍵字是紙膠帶／筆記具／手帳，近期沉迷於刻章。
真實身分是專業菇農。
FB：BLACK DIARY
Blog：http://lagerfeld.pixnet.net/blog

致美好年代

古董&經典文具

一想到古董及經典文具，
立刻就會聯想到的 Tiger（文具病），
視文具為生命一部分的他，
究竟收藏了哪些文具逸品？
一起看下去……

a curio & writing materials

屬於那個年代的美好工藝設計，

經過時間的淬鍊，

以現代的眼光探究，

依舊光芒不減，熠熠生輝。

這些夢幻逸品有些雖已令人扼腕的停產，

有的至今仍是長銷經典款。

但不管如何身為文具愛好者，

一同品味這些永恆的時尚，

探究歷久彌新的文具設計，

絕對是至高的視覺享受。

新單元「致美好年代：古董＆經典文具」，

透過專訪，帶大家一同欣賞這些絕讚好物。

a curio & writing materials

no.01

絕版經典文具，Tiger 的私藏秀！

攝影．文字 by 陳心怡

Tiger 小檔案

交通大學應用藝術研究所博士候選人。對文具喜愛像犯了病，2009 年開始經營部落格「文具病」（www.stationeria.net/），瀏覽人次破百萬，臉書粉絲團（www.facebook.com/Stationeria）近兩萬按讚數。「想要介紹好用、卻不貴的好文具給大家」的使命感驅使下，2013 年「直物」實體店誕生（www.facebook.com/plain.tw）。

Tiger 早已是文具收藏圈內響叮噹的人物，他有很多私藏寶貝只是五、六年級生的共同回憶。那個年代經濟起飛，父母親多半認真固守一個領域耕耘，讓孩子們可以擁有自己的文具，用舊或者用壞，可以再買新的，但多數都是廉價的小天使、玉兔鉛筆、香水原子筆等，至於高檔文具，則仍屬可遠觀而不可褻玩的夢幻逸品。

但因父親從事製圖這份特殊職業，Tiger 從小自然而然浸泡在進口文具堆裡，也種下了他日後特別鍾情於機械感設計的因子，因此他收藏的自動鉛筆比鉛筆多，老式印章、削鉛筆機、小刀甚至連8釐米的電影播映機他也愛。此外，因為小學班上有日本籍同學，他因此常可在第一時間吸收到來自文具大國的最新情報，Tiger 談起這段童年往事，仍舊眉飛色舞。

削鉛筆機酷炫較勁 印章好童趣

日本同學曾讓 Tiger 最欣羡的就是超炫的電動削鉛筆機，當同學把這檯削鉛筆機帶去學校時，Tiger 獲得優先試削權，因為之前沒用過，也不知道要怎樣把鉛筆送進去，結果一推進就被彈出來，後來慢慢抓到感覺時，「我馬上就被電動削鉛筆機的感覺給迷惑了。」雖然心被迷惑，但當年的家庭環境實在無力負擔如此昂貴的削鉛筆機，所以現在 Tiger 收藏的國際牌（National）電動削鉛筆機，就是為了一圓小時候的夢。

當年雖然買不起電動削鉛筆機，但是 Tiger 早有一台精緻的手動削鉛筆機。小男生幾乎都很難抗拒這檯有著火車頭造型的削鉛筆機，Tiger 的堂兄弟一來到家裡看到它，都露出羨慕的神情，也因此讓他萌起想要偷偷帶去學校炫耀的念頭，結果被媽媽發現後當然就跩不到學校去了。後來這檯削鉛筆機不翼而飛，但對它念茲在茲的 Tiger，去了日本後又重新找回同款收藏。

而當 Tiger 接著秀出大小兩種規格的連號章時，弄得我們一頭霧水：這算文具嗎？他喜滋滋地按壓印章，然後發出「喀嚓、喀嚓」紮實的聲響：「壓的感覺很有飽足感！」當初 Tiger 一看到這組精美的機械外型時，驚為天人，二話不說就

訂了下來。他還有著夢幻的想法：可用這組連號章印出漂亮的數字，自製各類型活動的入場券。

品味超齡　喜歡沉穩設計

回想我們自己在中學階段，不管是用自動鉛筆或原子筆，多半都偏好繽紛亮麗的設計，但 Tiger 用筆的品味卻很早熟，這當然與他從小在父親製圖工作環境中的薰陶有關。因此不難想見，Tiger 和我們分享他收藏的自動鉛筆幾乎都是暗色系。

民國七十幾年，Tiger 還在念國中，當時他被百樂（Pilot）黑色筆桿的自動鉛筆給吸引，「素樸穩重的黑色筆身，拿起來覺得比較高級，也覺得自己有份量。」所以，即使這枝筆要價三、四百元，在那個年代堪稱天價，但這個國中生竟卯足了勁，第一次自己存錢去買下這枝高檔貨。

另一款跟了 Tiger 二十多年、從中學就使用的自動鉛筆是德國施德樓（Steadtler）的「鐵甲武士」。不論是百樂或者施德樓，Tiger 都會選擇護芯管可收進去的設計。我們或許有過類似的慘痛經驗，當心愛的自動鉛筆掉到地上把護芯管摔歪了，筆芯就出不來，這枝筆大概也就等於報銷。Tiger 謹記傷痛，所以後來選擇自動鉛筆一定以能把護芯管收進為首要考量，「鐵甲武士」能夠如此長壽，堅實的設計果然有力。

這些經典文具，泰半都是 Tiger 這些年逐一找回收藏，它們也都因為絕版而益發珍貴。Tiger 的收藏不是為了使用，因為文具是消耗品，用完用壞就沒了；也不會脫手出讓，因為蒐集文具就像把歷史留住。在他眼裡，這些歷經時間焠鍊而留下的設計，都是深入了解時代流變與工業設計最好的資料，因此「收藏經典文具，像是把前人製作的好東西保留下來的一種使命感。」

2

1

4

3

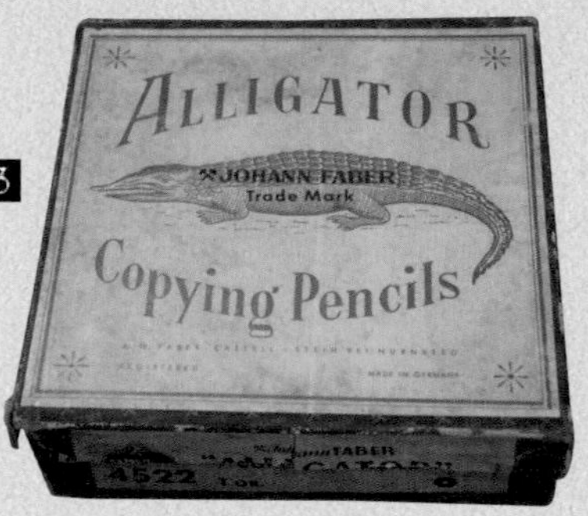

{筆類

3 輝柏（Faber-castell）黃金鱷

這組鉛筆珍貴之處在於是它完整的十二打裝，還有一個大盒子，這樣的經典款都是收藏家優先考慮的目標。「黃金鱷」每 12 枝鉛筆用紙捲成一束，上頭的標籤圖案與外盒，也是 Tiger 思考設計時的靈感來源。

4 Cleo Skribent 復刻鉛筆

根據文獻記載，最早的鉛筆出現在 16 世紀，但沒人看過真正的樣子，所以德國品牌 Cleo Skribent 就根據史料復刻這枝鉛筆，它其實只有一隻筆芯，要用木頭夾著才能書寫。Cleo Skribent 還為這枝復刻鉛筆設計一個精裝筆盒，用同一塊木頭直接挖，很多小機構在裡頭，精美又有趣。

1 百樂自動鉛筆（右一、右二）、施德樓鐵甲武士（右三、右四）、百樂 2020 YOUNG（左一至左四）

右邊兩款百樂與施德樓都是 Tiger 中學使用過的經典款，左邊顏色繽紛的自動鉛筆原本不是 Tiger 所喜歡的款式，這款 2020（日語諧音搖搖）搖一搖會出筆芯。後來開始收藏文具後，Tiger 才從歷史去欣賞 2020 的設計。

2 夢幻逸品：樹木鉛筆

「樹木鉛筆」是日本過去曾與蜻蜓、三菱並稱三大鉛筆公司的 Colleen 所產製。當年為了老師教學使用，所以設計兩集（24 枝）鉛筆，筆桿取材世界各地的木材，後因某些木材珍貴而且設計太有趣，意外成為收藏家的目標。由於這些木材比一般鉛筆用的松木硬，易使刀具受損，而屢屢遭鉛筆工廠拒絕生產，最後由傢俱工廠幫忙，「夢幻逸品」才得以問世。

達人心語

日本科技比台灣發達，但傳統文具的使用比例也比台灣高，台灣文具市場趨於 M 型化，一邊是昂貴的精品，一邊則是品質良莠不齊的廉價文具，所以我希望引介更多價格合理的文具供台灣消費者選用。我也建議大家如果想要好好寫字，不妨拿一枝好筆，不僅因為設計上會讓書寫流暢，對於思考也會有幫助，用粗的筆芯（0.9）書寫會比細的更流利，比較不會因為筆芯斷而靈感跟著中斷。

6

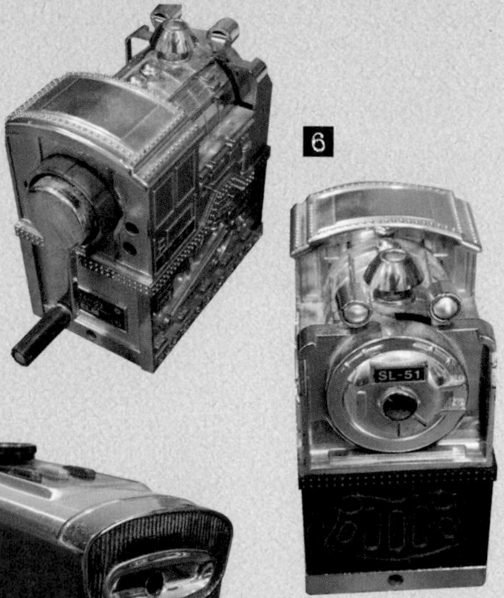

5

8

7

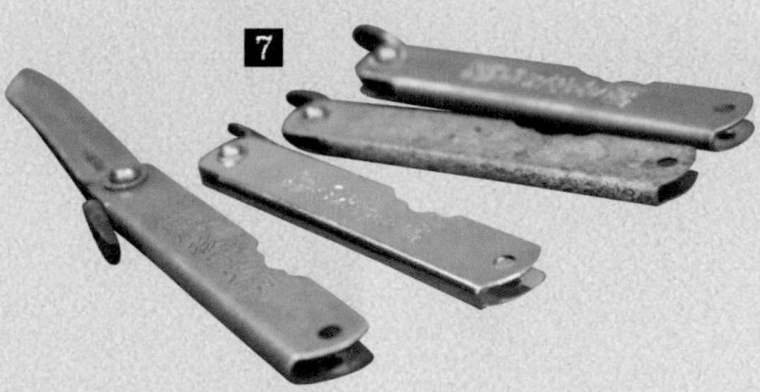

{其他

8 Boots 製圖組

別懷疑，這組精美的製圖組的確是 Boots 所生產。1850 年 Boots 有了第一家藥店，傳至第二代 Jesse Boot 時，他娶了嬌妻 Florence 是 Boots 業務擴及書本、文具、精品的關鍵，但一戰後 Boots 就賣給了美國人經營，經過二戰後大量對醫藥與化妝品崛起的需求，Boots 才轉型成我們今日熟悉的藥妝店。這組製圖工具是黃銅製，不管是圓規或者外盒，都是古典式的曲線和曲面設計，相當有氣質。木盒有夾層，裡頭還放有原擁有者使用過的橡皮擦與鉛筆，Tiger 認為，看到使用過的歲月痕跡，比全新的文具更有意思。

{刀具類

5 國際牌（National）電動削鉛筆機

若不懂得電動削鉛筆機的手感，往往一個不小心，整枝鉛筆就被吃光，這款國際牌電動削鉛筆機有個有趣的設計。上頭有三顆燈，一放進去是藍燈，快削好會亮黃燈，削好是紅燈，看到紅燈就趕快拿出來，你的筆就不會被吃光，它還可以調整你要削的粗細。

6 ELM 手動削鉛筆機

由 ELM 產製，這家公司還在，當時這個火車頭造型可能非常轟動，所以韓國也有仿製。

7 永尾製作所肥後守小刀

據說台灣的超級小刀，就是仿造肥後守的外型所製。日本仍有小學不讓學生使用削鉛筆機，因為他們深信手削鉛筆可以訓練眼睛與手的平衡，所以學校會發給每位學生一把肥後守，有人在野外時，也會拿肥後守來削木柴，稱得上是萬用刀。永尾製作所已經傳至第三代，也把肥後守註冊成商標。

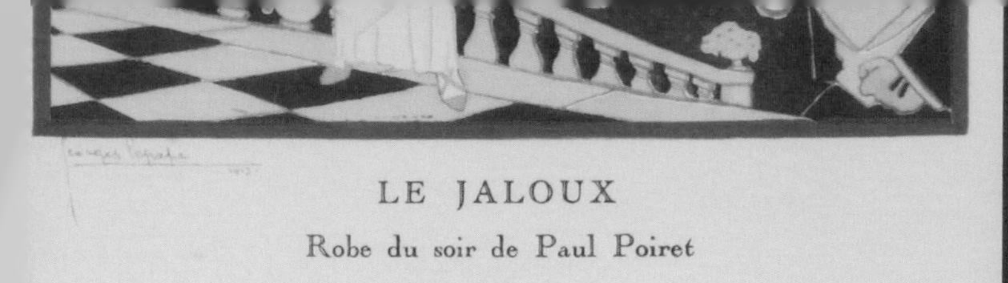

Cover Story

旅行中，寄明信片給自己。

旅途中**寄張明信片給自己**，**延長**旅行的**記憶溫度**。
再**寄張明信片給**親愛的**你**，**分享旅行**的美好點滴。

明信片，我們都曾有的書寫經驗，
無足輕重的**輕薄份量**，
卻**傳載了日常**塵埃遮掩下的**厚實情感**。

除了**旅行**，
在特別的時刻和節慶，
寄張明信片**問候**心裡**牽掛的人**，
就算**只是隻字片語**，
卻**傳遞**了**巨大**的**情感能量**。

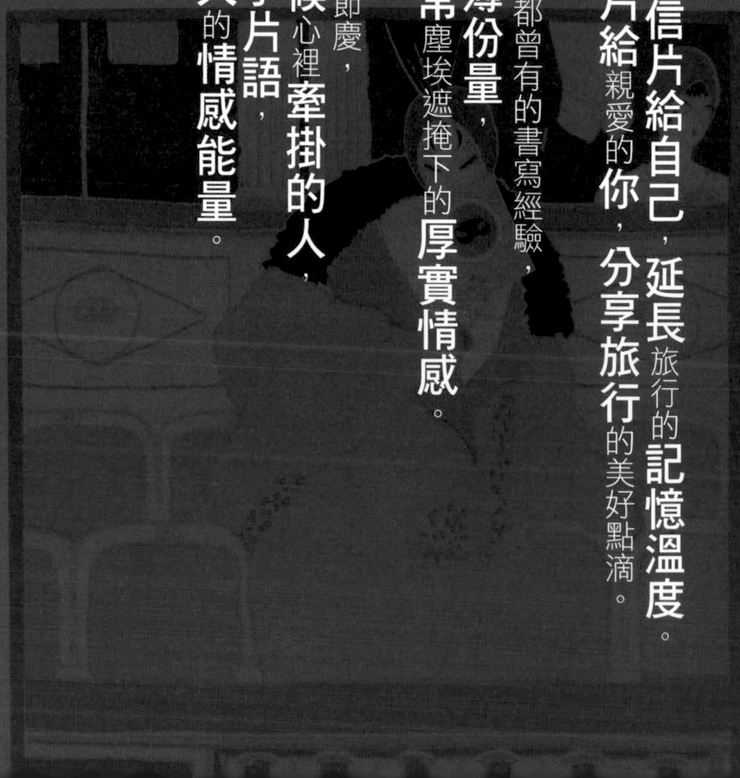

本期《文具手帖 Season 07》就將明信片作為此次封面故事議題，帶大家探探明信片的世界，看看玩家們的珍藏明信片、特別郵票及郵戳、還有他們的手作明信片、了解如何和全世界的同好交換明信片，玩玩明信片漂流遊戲。

Part 1

書寫的美好。我的明信片們！

Part 2

環遊世界的明信片——「Chain Postcard」

Part 3

和全世界交換明信片——「Postcrossing」

留住旅程中的精采。

身為一個熱愛逛走創意市集的文具愛買人士，眾多攤主的作品中，明信片是最容易入手，也最能從中一窺插畫家風格的小玩意兒，沒有卡片那樣隆重，卻又乘載著手寫的感情。在眾多冠冕堂皇自行洗腦的理由下，明信片不知不覺也成了我收藏的一員。

只是收藏，似乎有些空虛……，是的，各位觀眾！明信片的完整，應該還要有來自於郵票、郵戳和當下心情的記錄。於是，我的明信片收藏之路開始從純粹的購買收集，轉變為「要買，還要寄！」的行動路線！

文字 by 柑仔
攝影 by 王正毅

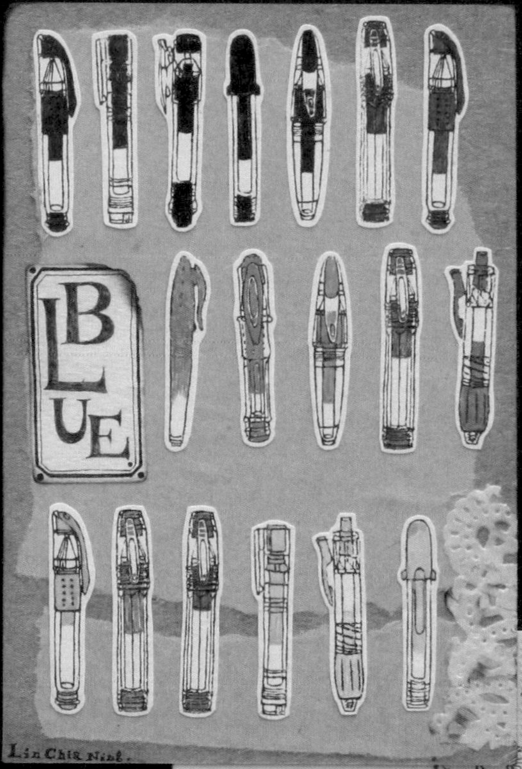

about 柑仔

看到新款文具出品，就會自動變身喪屍的新品種生物，迷失在文具海中無意識的按下購買鍵，享受回復理智後被包裹轟炸的感覺。叫我「包裹丸」馬細摳以啦。

柑仔的柑仔店
http：//sunkist0214.pixnet.net/blog
http：//www. facebook.com/sunkist214

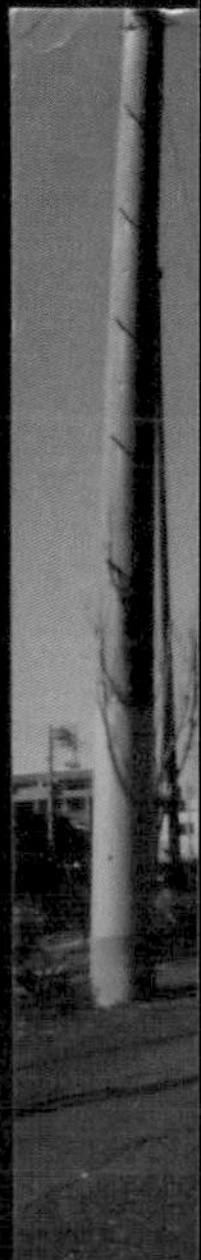

酷
假掰
幽默
白痴
萌
憨
屌絲
美
帥
傲嬌
蠢
神
腦殘
豬頭
假文青
宅
白目
天才
憤青
機車
過動
花心
專情
可愛
Paris
SANTA
Merry Xmas
PINMO DESIGN STUDIO
©2014 All right reserved.
新年快樂
甲午
HAPPY NEW YEAR
2014
吉祥如意
BLESS
平安
福
SEASON'S GREETINGS
法令的世界，

我的明信片來源

postcrossing 網站

想要得到來自世界各國的明信片，除了環遊世界或是結交一個環遊世界時願意寄明信片給你的朋友以外，到postcrossing網站註冊一個帳號，勢必是最快捷的方式，已經擁有49萬會員，分布在211個國家的postcrossing，根據網站上的資料，咱們台灣的會員就占了總會員數的9.5%，僅僅落後俄羅斯和美國，排名第三，豪塞雷啊！（http://www.postcrossing.com/）

我的明信片來源——好友

好友趙小隆，是個很能刻苦生活的背包客，也是我冷門地點明信片的最大來源，埃及、約旦、寮國……我一生中可能沒法兒親眼見到的景緻，卻都能藉著趙小隆捎來的明信片，出現在我的明信片牆上。好友黃狗毛，是個帥氣男子，卻有到了外地不忘寄張明信片給好友的優良習慣，從東京到墾丁，收到他每次駐足寄出的明信片，我都知道他在那刻有想到我。

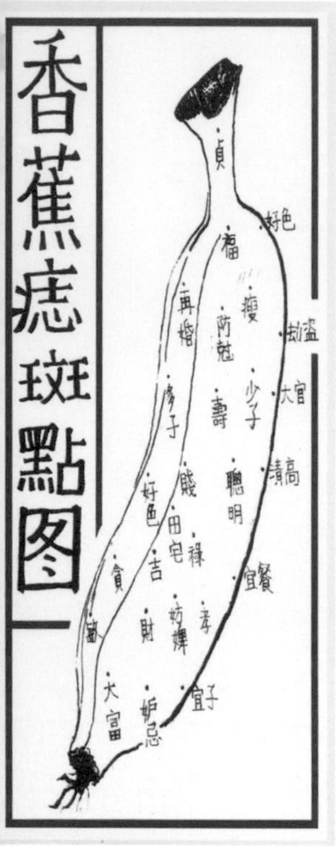

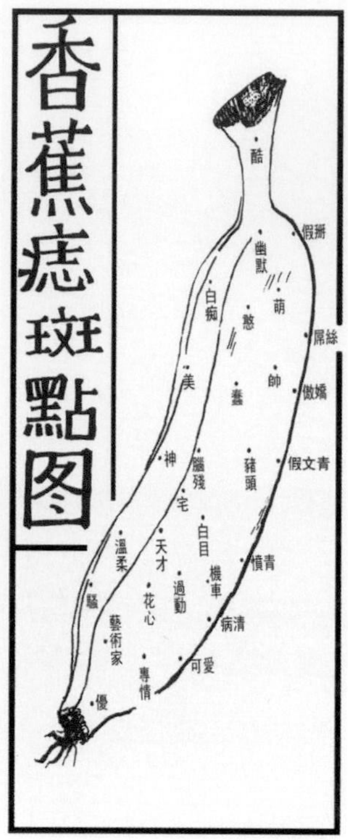

珍藏的 a postcard 明信片

除了旅遊時買當地的明信片解解渴，如果想收集台灣插畫家的作品，在各大創意市集、tode土地創意專賣、pinkoi可以買到翻肚；國外的盒卡和套裝明信片則在博客來或誠品找得到，雖然一盒動輒六、七百元買起來有點肉痛，但張數幾乎都是三十張起跳，平均下來其實是相當划算的選擇。

那麼，如果到了前不著村後不著店，實在找不到地方買明信片的時候該怎麼辦呢？習慣隨身攜帶空白明信片的我，拿起手邊的摺頁和DM或想辦法買份當地的報紙，就是剪貼出自製明信片的好素材！

【臘腸狗明信片們】

Postcrossing的個人檔案裡可以標註自己想要收到的明信片類型，身為一名臘腸狗愛好者，在檔案裡我特別強調了這一點，因此當信箱裡掉出愛犬的明信片時，許願成真讓我心裡的興奮和喜悅都要滿出來了，一一貼在明信片牆上，抬眼望去忍不住傻笑，這些來自世界各地的臘腸狗明信片絕對是我一輩子的珍藏。

【強人手製明信片】

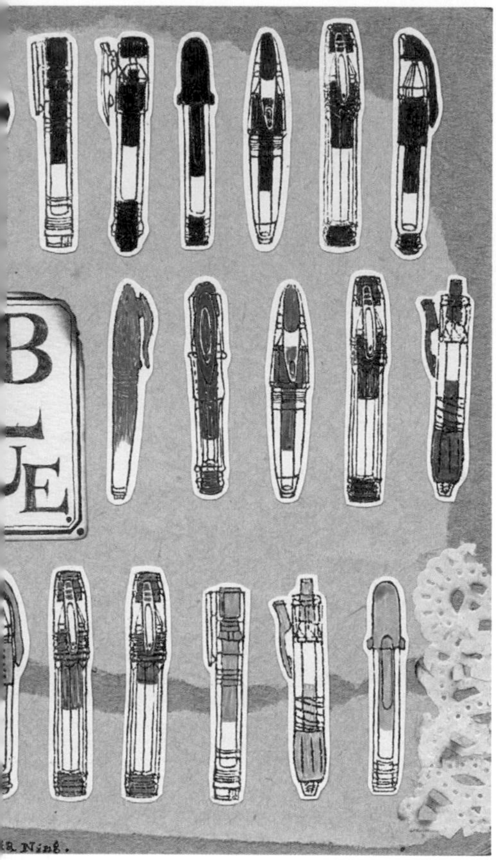

吉・筆

遙想和吉的緣份，是從 2011 年這張「筆明信片」和 ptt 的站內信寄丟風波開始，歷經「啊，她是不是討厭我」的腦中小劇場迴盪數週，後來發現原來彼此根本就互相欣賞，一路好友到現在，每回看到這張明信片，當時的小劇場都還會在腦裡上演一番。

Dai・柑仔院士研究室

和 Dai Dai 的熟識來自於 mt ex 福岡展的モチーフ紙膠帶，在文具板上看到 Dai Dai 徵求這款紙膠帶，恰巧手邊有，於是分裝了一些給她當做小禮物。沒想到她居然回了這張精緻細膩畫風工整的明信片，紙膠帶在裡頭毫無違和感，實是一枚值得珍藏的巨作。

胖虎・聖誕帥爺爺

每一年胖虎都會設計帥到爆的聖誕明信片，2013 年的款式把聖誕帥爺爺用撲克牌的方式表現，真正太好看，為了配合我奇異的口味，背面還委請神祕人幫我畫了骷髏一具，心意滿點。

Hana・大吉大利

手邊強者實在太多，Hana 爽朗的畫風加上毫不手軟的紙膠帶使用法，讓這張明信片望者忘憂，只想跟著這顆大橘子一起微笑哩！

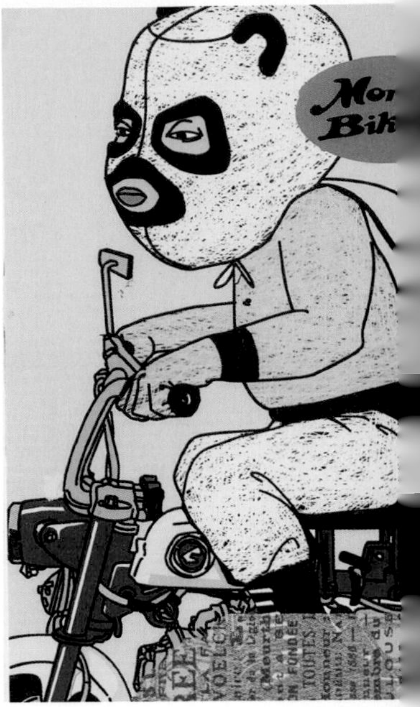

【旅程中的明信片】

泰國．TCDC MONKEY BIKE

搞笑有趣的路線是我的最愛，這張在泰國TCDC（創意設計中心）購入的蒙面人騎歐拖拜明信片，磅數極厚，加上背面自個兒使用TCDC的摺頁拼貼，可榮登手邊明信片最厚實的一張。

巴黎鐵塔 v.s 摩天輪

好友寬寬的歐洲自由行，沒忘了捎個明信片給我，擺脫一貫的鐵塔照，這張明信片復古框架中是黑白照片時期的巴黎，是所擁有巴黎明信片中最得我喜愛的一張。

琵琶湖博物館

同為文具控的好友阿梓，旅行到琵琶湖博物館，特別為惡趣味的柑仔選了這隻有趣的古代魚，兩眼無神的模樣有夠逗趣，很想放一支手指在前頭，看牠鬥雞眼的模樣兒。

羅馬的明月

有個文具控的朋友，就不時得被騷擾，到羅馬出差的小寶就是交到了我這個壞朋友，在繁忙的出差行程中，挑選了這張映著明亮月光的羅馬競技場，孤寂中帶著美麗。

晴空塔下的阿朗基河童哥

帥氣好友黃狗毛，是文具控夢寐以求的好友類型，不僅會主動的搜尋相關文具、隨時提供連線購買、寄送有趣明信片，還可以隨手畫出好笑插圖，這張晴空塔下的河童哥，就是在他跑完伊東屋後不忘捎來的明信片，揪～感～心。

【好友小隆系列】

約旦・駱駝

生為一個理科人，動物系列的明信片相當能博得我的喜愛，尤其是這張來自約旦，噘起性感雙唇的駱駝，一收到就讓我呵呵笑了好一陣子。

以色列・希伯來語

此生不知道有沒有機會踏上以色列，但我有來自以色列的明信片！希伯來語字母 ALEF 到 TAV 成了細緻的小插圖。

「警語：此片對學習希伯來語並無幫助。」

Kayan・長頸族婦女

居住在泰國北部湄宏順的長頸族女子，頸子上背負了厚重銅環，其實無異是一種酷刑，除了維持傳統，長頸族的婦女現在已經成為觀光景點的一部分。除了歡愉快樂的旅遊，能深刻反應當地環境的明信片，看了雖然心痛，但也寫實的告訴我們這個世界的樣貌。

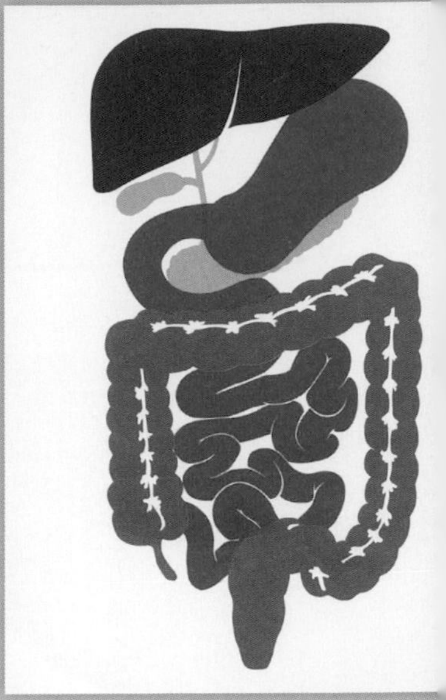

【只想珍藏的明信片們】

東海醫院器官明信片

東海醫院的設計商品一向以器官、醫院為主題，身為忠實的小粉絲，萬萬不可錯過。這兩款器官明信片不見血腥，用相近顏色的色塊顯示器官，是器官愛好者務必要收藏的。

針線球．法令紋系列

帶點有趣和惡搞氣味的針線球，這一系列加上了法令紋的動物令人忍不住想發笑，手中的版本四周有車縫線，是設計師一張張車出來的珍貴作品。

品墨．2014 新年賀卡

厚磅的紙張上壓印有質感的油墨，凹陷的部位造成的曲線充滿了魅力，目前 2014 年的版本已然售完，期待品墨 2015 年的新作品！

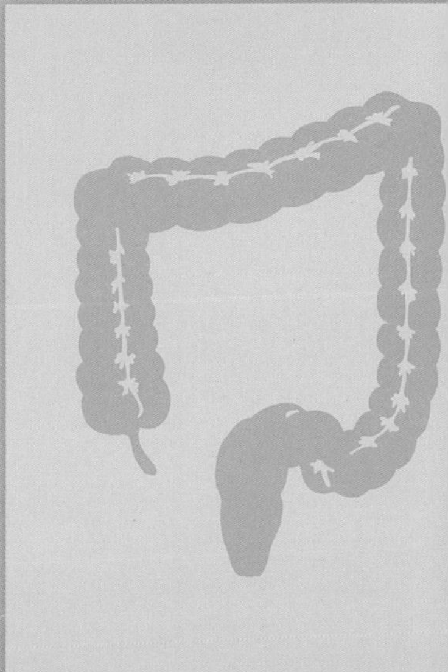

【套裝明信片】

巴黎 1900 特展明信片

這些衣飾華麗的仕女們，搖曳生姿、眼角帶笑，購自巴黎小皇宮的 1900 年特展，明信片上是巴黎 1900 年至二次大戰前的 Art Décors 時尚仕女，彼時的服飾用現在的眼光檢視，不但不覺老土過時，反倒讓人回味以往的雍容，大小比一般明信片略大，使用的紙質頗厚實，極具質感。

Another Day in Paradise / I Feel a Sin Coming On

藝術家 Anne Taintor 設計，由 Chronicle Books 出版的趣味明信片，歐美的復古畫報不是太飽和的印刷和色彩，加上女主角的顧盼生姿，每次看到都會不由自主的加入購物車，這兩套套卡的特點在加上了打字機編打的字樣，仔細看內容都令人捧腹，極具殺意的主婦們潛藏在笑容底下的是滿滿的惡心機啊！

創作獨一無二的明信片

a postcard

【金門手作明信片】

上回兒到金門玩耍，想來次不一樣的手帳記錄，也就是：**一天一張明信片！**當日晚上記錄自個兒今天去了哪，隔天立刻寄出。帶著 Polaroid 的 POGO 隨身印，印出當天最有感覺的照片；沿路收集摺頁和地圖，每天晚上埋首在桌子前剪剪貼貼一個多小時，帶著金門郵戳跨海飛回來的明信片，讓我的金門手帳和別人不一樣！

文字 by 黑女
攝影 by 王正毅

關於旅程，我想說的是……

明信片是時光的破片之實體，那些年如何傾倒頹圮，依然留下隻字片語足供考古溯源。明信片是時間之書的頁數，理應永不復回的編碼，如今卻能執之翻讀，像欣賞易碎的標本那樣，小心翼翼。

about 黑女

深知不可將興趣變成工作，因此文具始終只是閒暇之餘的遊趣，可以三餐吃泡麵但不能不買文具。

關鍵字是紙膠帶／筆記具／手帳，近期沉迷於刻章。真實身分是專業菇農。

Blog：http：//lagerfeld.pixnet.net/blog

Greetings From Kuala Lumpur
MALAYSIA
大会、近づく。
SL HITOYOSHI STEAM LOCOMOTIVE
KYUSHU RAILWAY COMPANY
Don

珍藏的 a postcard 明信片

no.1

【no.1】

大約是從這張明信片開始的。去旅行時順手寫張明信片給自己，若來得及就自覓郵局選擇喜歡的郵票貼上寄出，商務旅行時則大多委由旅館代勞。超過十年以上歷史的明信片，是出差時在富士山腳下河口湖畔的旅館所寫，當晚因過度疲勞，半夢半醒間隱約感覺床腳坐著一個小女孩，然我只是喃喃說：「拜託讓我睡一下，真的好累。」就再度昏迷。

no.2

【no.2】

初次前往東南亞，與大學時代要好的僑生同學一起，做一次遲來的畢業旅行。馬來西亞空氣濕度之高，正是南國夏季瘴魅四伏的寫照。應該是委託飯店代寄，至今都想不出當時的自己如何能寫出與那熱氣毫不相干的內容，甚麼「混種的異國花香、雨林般滋長肉厚」一類的。郵票很奇妙的是馬華交流600周年，全然命中旅行的主旨。

【no.3】

「失散」是這張明信片的主題。來自雲南麗江的明信片，來自過往在廣告公司認識的友人兔子。當年有著同梯情誼的我們，雖然也偶爾見面，但總愛以郵件此一古舊形式交流。某一年失戀，她寄給我一張國語女歌手的單曲，在透明封殼上用黑色奇異筆寫：「愛錯了，還有下一次。」CD放入音響後我痛哭流涕，孰不知多年後，幸福結婚的女歌手橫遭背叛蟬連多天新聞版面，歌曲成了最佳代言，我卻與友人失聯，再無下次。

no.3

【no.4】

2006年，與在廣告公司、電視台任職的文青友人們組成了一個五人寫作小組，使用的是當時仍夯的個人新聞台，每個月輪流出題大家以各種不同形式書寫練習，我們聚會時總是在咖啡廳，談論著是否能「用文字改變世界」。其中一位摯友結力寄自舊金山的明信片，是恐怖大師史蒂芬金寫作的情景，大約能描繪出當年輕狂的我們對「小說家」的幻想。

no.4

書寫的美好。我的明信片們！

【no.5】

如果要談論「文青」，是枝裕和大概是最理想的那種，畢業於早稻田大學文學部、畢業後開始拍紀錄片，第一部劇情長片《幻之光》就拿下威尼斯影展最佳導演新人獎，他不是量產型的導演，但每部電影都令人回味再三。2009年他為《空氣人形》來台，受訪時妙語如珠逗得在座記者大歡樂、聊到欲罷不能，訪談後留下的簽名明信片，是我喜愛的女僕裝裴斗娜。

【no.6】

在日本九州從三月至十一月運行的蒸氣火車「人吉」，紀念明信片亦是質感滿分的鋸齒切邊加上霧面設計，來自大親友小妮的明信片，搭配全黑的帥氣機關車，連郵票都搭配了全身黑的《火影忍者》宇智波鼬。

【no.7】

不耐長途飛機，最遠只去到美洲的我，大多仰賴友人才能獲得來自歐洲的明信片。工作中認識的親友K子，來自波蘭之旅的明信片，克拉科夫是波蘭的舊首都，片面是該市知名的紡織會館，很喜歡左邊的琴斯托霍瓦郵票，淡色印刷、建築線條都極美。

Kraków Sukiennice

【no.8】

曾經和大學時代的好友潔西卡相約遊古都北京，不過原本預定成行的那年不知道為什麼卻錯過了，事隔多年，連北京奧運也已成雲煙，雖然因為公務去過多次，卻再難同行，如今潔西卡已是人妻，我們依然記著那些年的北京之約嗎？

【no.9】

2003年，讀了片岡義男的《文房具を買いに》，開始嘗試拍攝文具，當然精良度遠遠不及前輩，2006年入手文具王高畑正幸《究極の文房具カタログ》，對於文具書寫的深度又有了進一步的認識。發表平台從個人新聞台一路到無名、痞客邦乃至於臉書粉絲頁，也因此認識許多新朋友。文具友魚丸寄自挪威的明信片，雖然是冰川美景，內容依然是文具事，謝謝海關沒有沒收Pencut（笑）。

【no.10】

「正義」是甚麼？若不是翻出這張明信片，我恐怕也早已忘記2012年曾經在某BBS板上不分日夜為了盜版文具與網民筆戰不休，愛說出口有多容易？但要實踐卻加倍困難。就在連日腦漿彷彿要沸騰的憤怒、因為熬夜上班不斷打瞌睡、快要放棄之際，收到了來自文具友柑仔的包裹，除了明信片之外還附上已絕版紙膠帶各種。「一樣米飼百種人」為何讓我眼眶發熱？

no.11 POSYE

【no.11】

阿柴與櫻花的組合，是文具友系列的幸侖關西之旅的戰利品，印有京都站氣勢恢宏的巨大印章，郵票出自我好喜歡的插畫家岩崎知弘手筆，和風滿點。

no.12 POSYE

【no.12】

陰鬱而優美，史上最美的耶誕明信片，來自早餐團的砂砂（雖然強調不是某樂團主唱，但我依然腦補地就把他當成有村了……）兩年前在mt台北展集結的早餐團，一起度過在暴雨烈陽中排隊等入場的一個月，讓我歡樂學習又開心成長（？）如今mt博再臨，令人分外期待與友人們重聚的一刻。

【no.13】

我常想，「神的旨意」一類迷信內容，究竟是否真的存在？往往於憂心喪志之時，神祕信函或卡片從遙遠的異國飄至案頭，總能讓我看得心頭暖流泉湧，無以回報，比如這一張來自西班牙的明信片，攝影師夫婦友人寫道：「唐吉軻德勇往直前的精神，讓我們想起了妳。」差點讓我激動淚灑辦公室。

【no.14】

文具友甩甩的明信片，TRAVELER'S FACTORY 傑作，去東京時大多住新宿的我，從未去過澀谷郵便局，殊不知郵戳上竟然有八公圖樣，可愛度破表，當然內容也是好勵志！大感謝！

【no.15】

椎名林擒後援會「林檎班」的季節問候明信片，2013 年的十五周年紀念演唱會「黨大會」前寄發的明信片，印刷精美之外，對著光還能發現明信片表面特殊壓印，正是十五周年的 LOGO—持旗手的圖案，精妙巧思令人把玩再三不忍釋手。

創作
獨一無二的
明信片

a postcard

【有數字的明信片】

郵戳、日期、旅行支票、信用卡、座位號碼……，旅行中的明信片無處不是數字，單眼相機中的照片也已編號數位化，想不成為零與一都困難。爆炸的數字中你喜歡哪一組？使用素材為 CHARKHA 的味紙組以及菊水、倉敷意匠、TRAVELER'S FACTORY 紙膠帶，mt CASA 圓貼、Q-lia 貼紙。倉敷意匠井上陽子系列紙膠帶雖然風格簡潔，拼貼時卻如有神助，入門進階都好用。

郵寄就是充滿驚喜，多麼奧妙！

我來自馬來西亞，真正接觸明信片才一年多，是從Instagram 上認識了志同道合的文具朋友大方地和我分享了久違的一張明信片，從此我就對郵寄這「老土」和幾乎被遺忘的溝通方式吸引、著迷而無法自拔了。

文字 b y Pooi Chin
攝影 by ChongYee Photography

about Pooi Chin

喜歡寫字，喜愛手作，
享受沒有規劃的靈感來源。

珍藏的 a postcard 明信片

台灣國旗

一位台灣筆友和她很好的姐妹拍的，自己印刷自創的明信片，圖中台灣的國旗背景讓明信片更添意思，猶如我的心情，好想向台灣奔去！

McDonald's Family Box

不是麥當勞的宣傳單，作者把麥當勞的晚餐盒剪成明信片的尺寸，再加上裝飾點綴。本來將被丟棄的紙盒被賦予新生命，讓人之後再看見類似的紙盒都不捨得亂丟了！

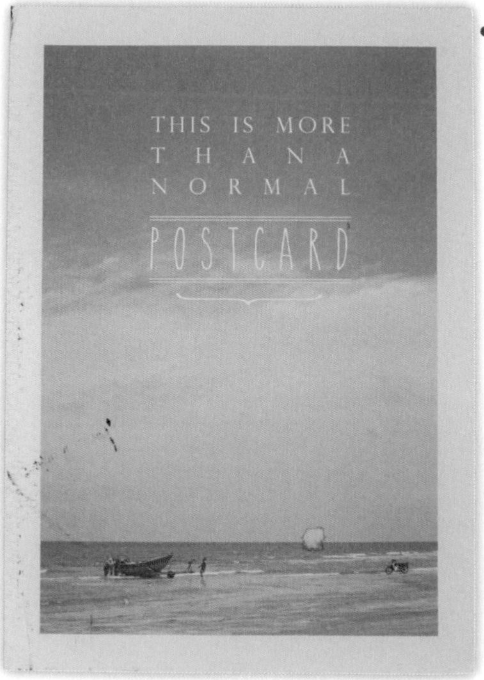

THIS IS MORE THAN A NORMAL POSTCARD

如明信片上印的「這不是個普通的名信片」，因為它是獨一無二的。男友知道我著迷於明信片，把拍下的照片印下來寄給我。雖然各自身處不遠，但收到對方把思念的文字透過郵寄到家，會有不一樣的感動。

C'est l'ete ici

這是一位插畫家在法國的夏天創作的小插畫，名信片上寫的「C'est l'ete ici」，作者的翻譯是「這兒是夏天」。圖中的插畫也反映了作者的狗狗，「Summer」逗趣的模樣。

KEEP
CALM
AND
POST
ON

KEEP CALM and POST ON

簡潔有力地述說，「KEEP CALM and POST ON!」親手蓋上的，因為印泥很難乾透，作者還貼心地鋪上了一層透明保護套。郵寄就是這麼簡單和充滿樂趣！

Metroline
98
WILLESDEN
PALLADIUM
SMK703F
London Buses

London Buses

一直以來很喜歡倫敦的紅色雙層巴士，當看見這超大的切割狀倫敦巴士卡片落在信箱時，覺得很驚喜。翻開背面原來是爸媽到倫敦旅遊時也不忘幫我增添的收藏，人生地不熟也要找郵票和郵筒寄給我，心裡覺得很溫暖。

you've
got
mail

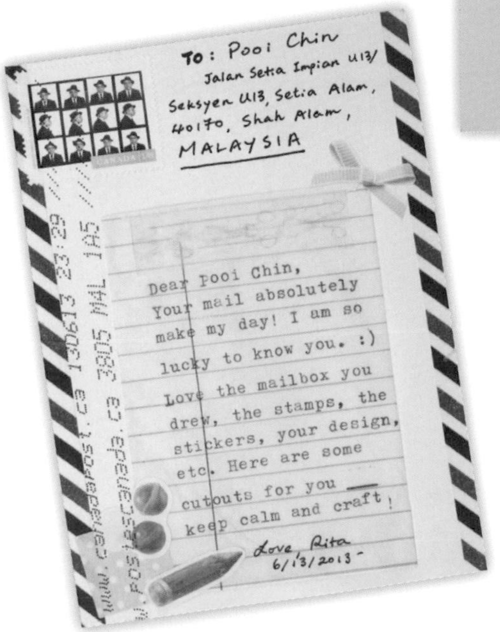
To: Pooi Chin
Jalan Setia Impian U13/
Seksyen U13, Setia Alam,
40170, Shah Alam,
MALAYSIA
Dear Pooi Chin,
Your mail absolutely
make my day! I am so
lucky to know you. :)
Love the mailbox you
drew, the stamps, the
stickers, your design,
etc. Here are some
cutouts for you
keep calm and craft!
Love, Rita
6/13/2013

You've Got Mail

這手作明信片，運用mt信封款紙膠帶的拼貼，看似簡單的設計，蓋上了「you've got mail」，從郵箱裡取出來時特別激動，心情就像蓋章上描述的一樣令人值得興奮！

明信片背面：作者很創意地把訊息以打字機打在小包裝上，裡面裝入許多復古小剪紙貼在明信片上一同寄出。這麼花巧思的明信片，讓人倍感珍惜。

Note：不同國家對明信片的規格不同。

豆豆先生

來自泰國的名信片，相信是泰國的獨立插畫家的作品。豆豆先生是我童年時很愛看的戲，豆豆先生這樣傻乎乎的表情真的很逗趣，看過幾眼心情也會瞬間變好！若還有他的隨身泰迪熊就更完美了，嘻！

The Postcard (Amphawa)

在泰國 Amphawa Floating Market 一家小店買到的手作明信片。照片是另外貼上的，整體很有拍立得的感覺，摸起來也有不同的觸感。

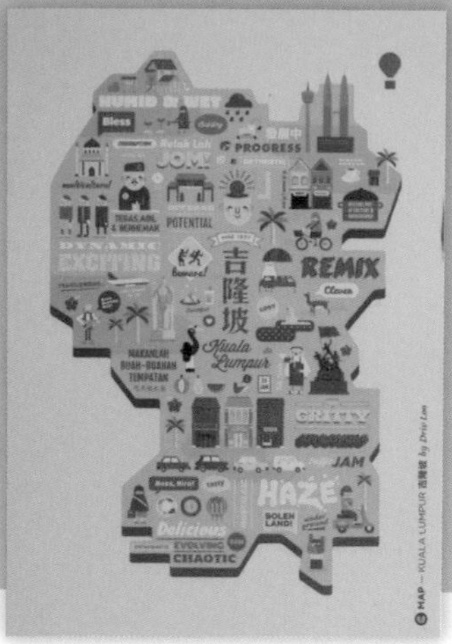

吉隆坡

一個在馬來西亞首都的明信片居然是從台灣寄出的。雖然我不是住在吉隆坡，但我居住的地方與生活環境和吉隆坡不相上下。每個小細節更讓我能從不同的視野看這繁忙又多元化的一個地方。

Beautiful ONTARIO Canada

其中一張加拿大的復古系列明信片，整體的顏色和很細膩的圖案為這明信片增添了一股韻味。

香港信箱

很喜歡看不同國家的郵筒或是信箱，感受一下國外朋友郵寄的感覺。寄件人寫道這些是在香港老建築物的古式信箱。

書寫的美好。我的明信片們！

Pakistan 6 different Stamps

寄件人匯集了六款巴基斯坦的舊郵票貼成了一張名信片，變成一個可以欣賞郵票又有收藏價值的明信片。

Dry Fried String Beans

雖然我不會做菜，但看了這個乾煸四季豆手繪的烹飪過程難免讓人覺得肚子餓呀！

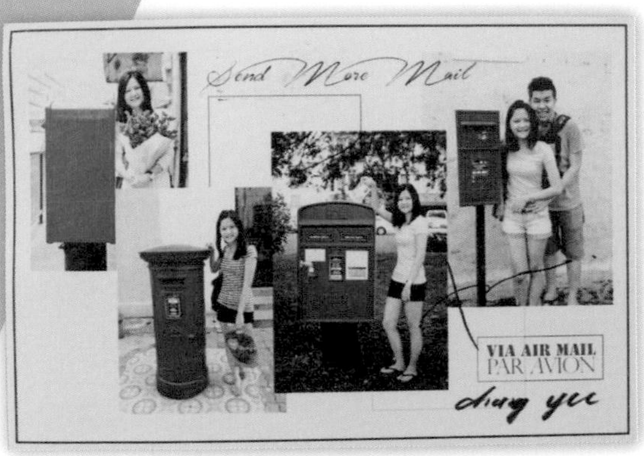

十分幸福

我的第一個來自台灣的木質明信片，很精緻的細節，非常有質感！上面的文字也很俏皮，「天燈造型郵筒，超酷！」有機會到台灣我真想親眼見識。

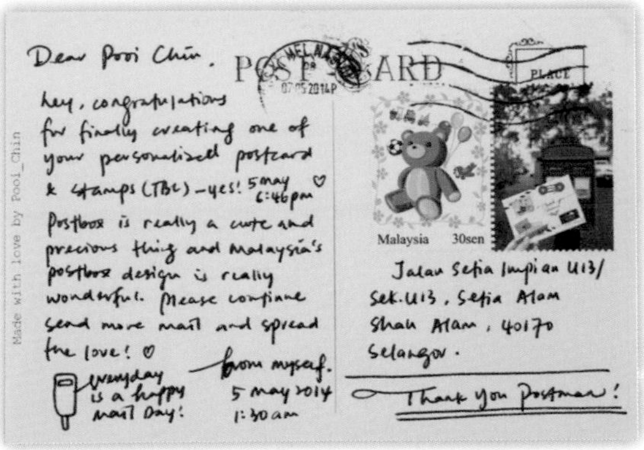

Send More Mail

每個在不同地方的郵筒都是獨一無二的。最後分享一張自己設計的和我國其中一個郵筒的合照，貼上了訂製郵票，再寄給自己的明信片。

特殊郵戳及難忘的郵票

a postcard

Toronto First Post Office

朋友在加拿大多倫多的第一間郵局，蓋上了這些特別的郵戳與我分享。就連「航空」這印章也特別漂亮呢！

DENDA

忘了貼上郵票而被課稅，反而因此看見這樣的罰款郵票和蓋章而覺得新奇。

CANADA Stamps

因為欣賞這些郵票，和這位筆友交換了第一張明信片，之後和她變成了朋友，開始一起分享更多美好的郵票，看見這郵票都會特有感觸。郵票也好大一枚呢！（笑）話說郵票都沒被刪過，好像漏網之魚！

中國郵政：安徒生童話

總覺得不管多大年紀，看見可愛的郵票還是會心動。加上這系列的童話故事郵票，更能讓人勾起小時候的回憶。

很隨性的字體

收到這封信得第一感覺，就是不得不佩服這寫信人的大膽字體。後來覺得整體還挺俏皮的，我已把這歸類為其中一件藝術郵件。郵寄就是充滿驚喜，多麼奧妙！

如何保存 a postcard 明信片

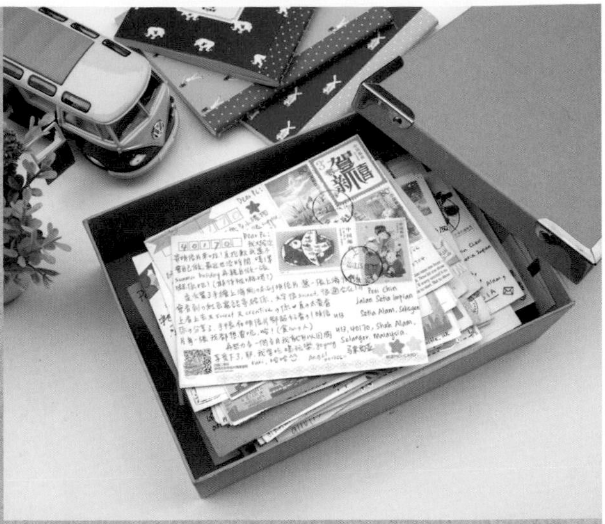

我都把明信片疊起來放在盒子裡，喜歡時不時都翻開盒子來欣賞，可以觸摸到明信片們，再重讀內容時又有重新收到明信片的興奮感。

創作獨一無二的明信片 a postcard

設計了這款簡單的明信片，要把《文具手帖》分享給更多志同道合的朋友。

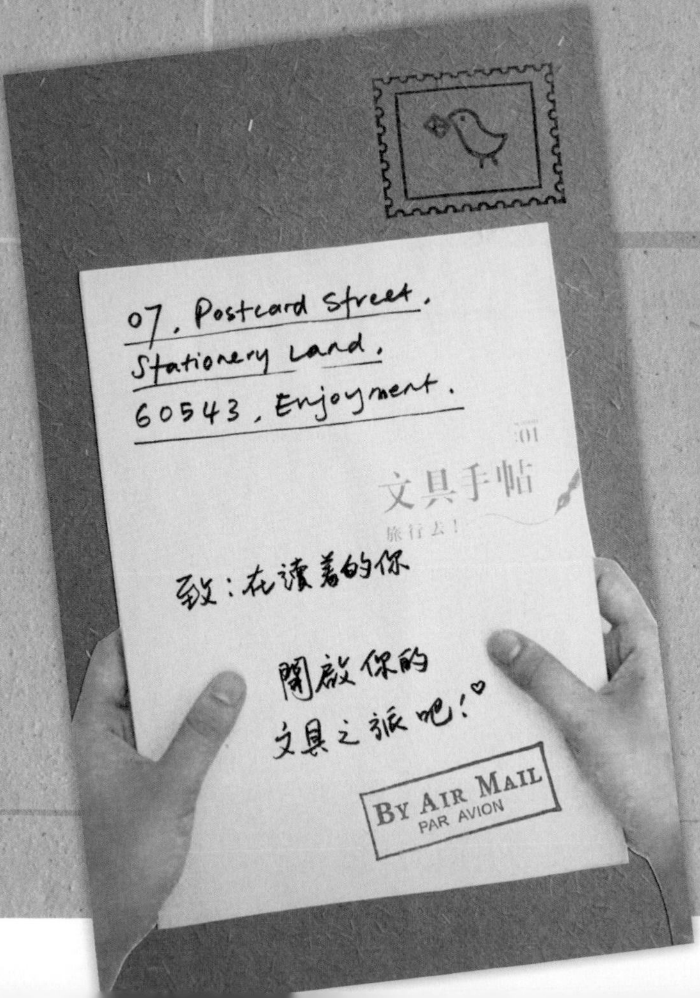

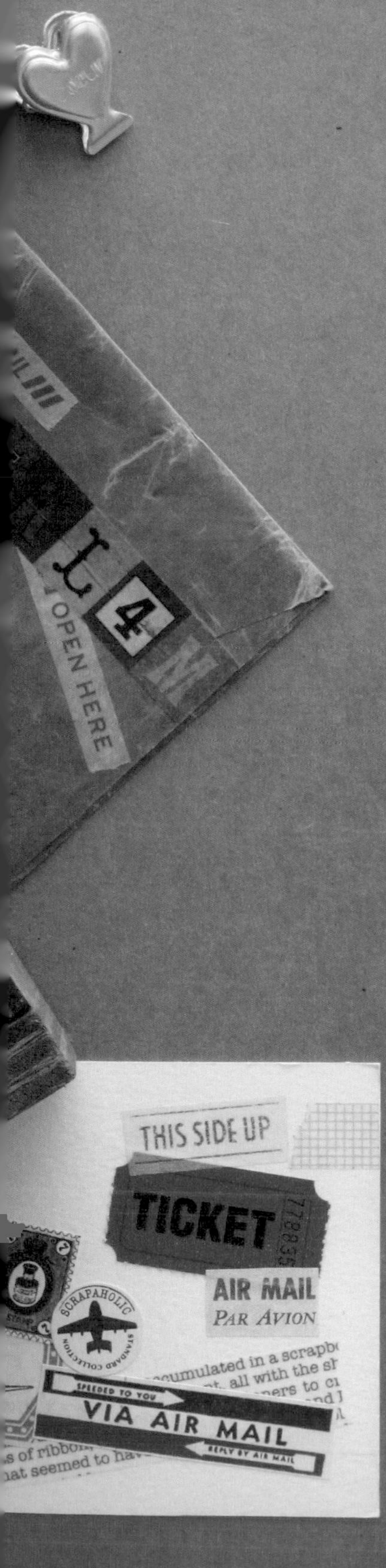

文字 by Rita Chan
攝影 by 王正毅

明信片，將友誼
延伸至世界每個角落！

自小喜愛集郵的我，總會敏感地關注所有與「郵政」相關的事物。小則郵戳、郵票，大至各地不同造型的郵筒和郵政建築……等，皆能觸動我心。在逐漸成長後，因為愛上郵寄通信及收集明信片，更開闊了我對「郵政」的視野和執著。秉持著這份喜好，不由自主地讓我在朋友或自己出國旅遊時，總不忘買張當地明信片寄給自己。當收件時，除了雀躍不已外，更倍覺這是旅行中最美好的紀念物之一。而無庸置疑，自已所喜愛的明信片類型，當然離不開「郵政」這個主題囉！

有幸地，在幾年前發現了「Postcrossing」網站之後，使得收集明信片便利許多。雖然容易取之不竭，用之不盡，卻也教人格外珍惜視之。

每每透過備受崇敬的郵差先生的傳遞，而收到不受時空地利之限的明信片，其每張皆富含創作者深摯的情意和靈感，並獲得不同文化的知識和珍貴的友情，那份喜悅感實在是不足外人道也！

期許明信片將友誼的地平線延伸至世界每個角落，彰顯及發揮它的最大功能！

about Rita C.

喜歡拍照，
喜歡從日常生活中蒐集點點滴滴的美好，
喜歡手寫郵寄的「老式情懷」。
因為對「郵政」情有獨鍾，
出門旅遊一定會和當地郵筒合照留念。
最愛收藏的文具是印章及紙膠帶。
Instagram: http://instagram.com/ritacyc

OSAKA
OSAKA CENTRAL POST OFFICE
CORREOS
2009 Taiwanese Postcrossing Meeting in
Malaysia
60sen
Malaysia 2011
RM1
Kindly Deliver to:
Rita
MEL UDAR
PAR AVION
新宿郵便局
Best Wishes for a happy Christmas
Gilbert Scott
Rita,
Specially made for you!
Greetings from Holland!
Lidia
nederland
Nederland
NEDERLAND
TNT | post
FRANKERING GECONTROLEERD
PRIORITY
PRIORITAIRE

珍藏的 a postcard 明信片

1 日本郵筒造型明信片。

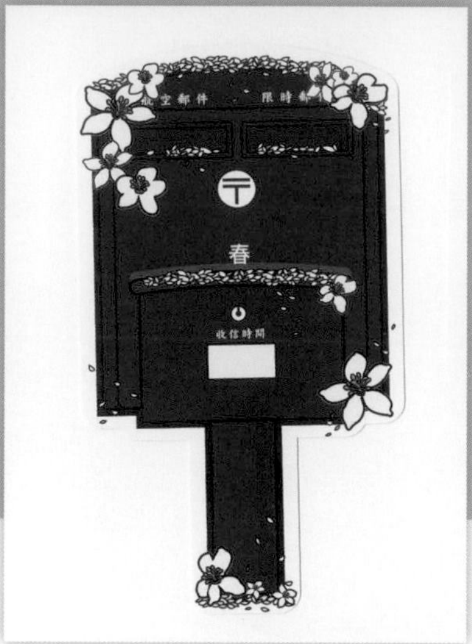

2 台灣郵筒造型明信片。

3 第一次台灣 Postcrossing 聚會片：2009 年 4 月，首次的聚會片，由 Jack Wehmeier 手繪的台灣郵筒。

4 第三次台灣 Postcrossing 聚會片：2011 年 4 月，除了有手繪片外，更有為此聚會而設計的手刻紀念章，地點之一更是觀摩了桃園郵政處理中心內部運作，非常值得紀念。

5 英國郵政 Royal Mail 出品的郵票明信片。

6 美國郵政 USPS 出品的 Star Wars 郵票明信片。

Part 1

書寫的美好。我的明信片們！

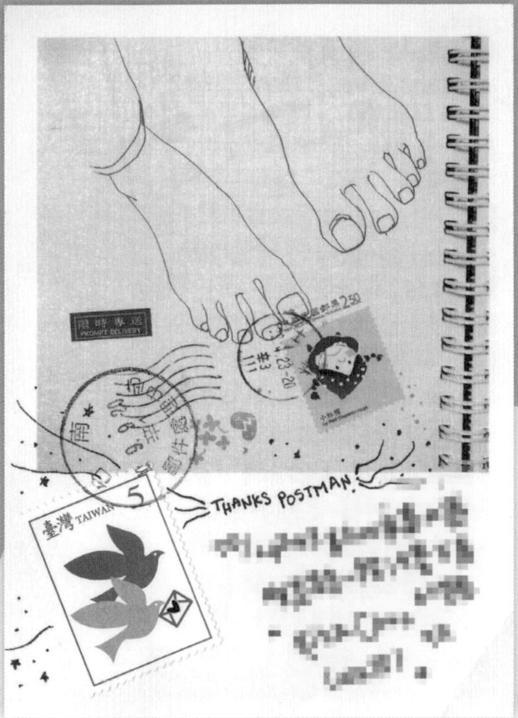

7 德國小型郵筒。

8 昔日德國郵差：由荷蘭寄出。

9 俄國郵箱一景。

10 喜歡作者用郵票／郵戳設計成明信片，寄件者將實際郵票貼在正面的層次感。

11 第四次台灣 Postcrossing 聚會片：除了手繪郵筒和鴿子遞信，更有第一次和郵局合作紀念郵戳。

12 相信很多人對「紙上行旅」不陌生；裡面當然最喜歡郵差這款。

13 世界各國的航空貼。

14 美國品牌「Chronicle Books」出品的明信片套「Wanderlust」之一。

15 一直對品牌「Cavallini Papers」復古式的文具商品深深著迷。這是其品牌商品聖誕節明信片套中最喜歡的一張。

16 非常喜歡荷蘭這位作者的手作風格，她自製的明信片全以「通信郵寄」為主題，好幸運有機會收到她專為我設計的明信片！

書寫的美好。我的明信片們！

17 大阪郵便局出品的「Posta Collect」系列。

18 泰國歷年郵筒，來自泰國郵政博物館。

19 來自捷克，作者很有心地在明信片外黏著一個小信封，裡面有首她喜歡的捷克民謠樂譜，「明信片＋信封」這樣的創意太棒了！

20 來自馬來西亞筆友親自手作給我的明信片，各式航空貼再加一些簡單的復古風紙膠帶，這張依然深得我心。

特殊郵戳及難忘的郵票

a postcard

21

22

23

24

25

26

27

21 特別郵票
馬來西亞：郵票中的郵票。

22 特別郵票
馬來西亞現用各式郵筒。

23 特別郵票
德國郵差。

24 特別郵票
只為期不到兩年，已消失的「臺灣郵政」時期間，2007年9月所發行的「寄情郵票」。

25 特別郵戳
郵政100週年時發行的郵票。

26 特別郵戳
「2013年新北市歡樂耶誕城」紀念郵戳之一。

27 特別郵戳
「Postcrossing台灣明信片交換玩家」的紀念郵戳。

創作獨一無二的明信片

a postcard

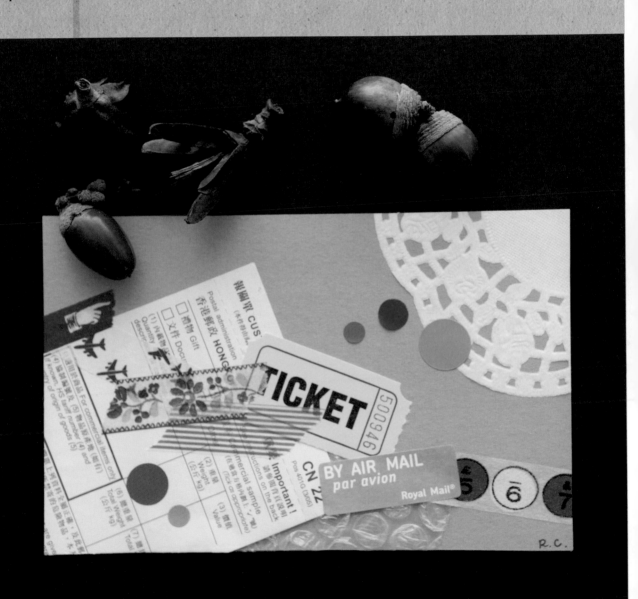

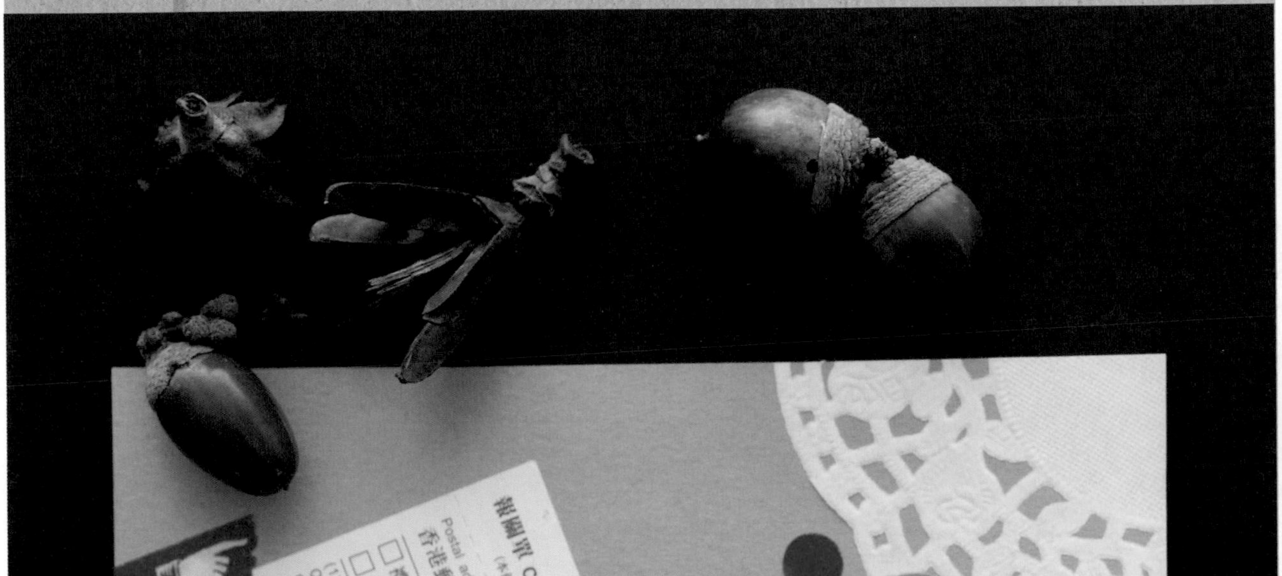

文字 by 吉
攝影 by 王正毅

明信片，交換彼此未曾謀面卻相同期待的興奮心情。

明信片，
輕薄又深厚的訊息載體，
那樣清明地敞開在眾人之前，
無法傳遞太多的祕密。
然則，在文字之下藉著本身的來到，
細細地挑起那縷被日常塵埃遮掩的情感絲流。

about 吉

熱愛各種手工藝、器官以及任何形式的標本。
喜歡什麼就會一頭栽進去的性格，
大概還要再加上很多點不服氣。
死心塌地，對人、對事、對物，都一樣。
但求無愧於心。
哎呀大家好，我是林家寧，來自台灣。

キアカリ商店街
TRADE MARK
猫用煙草専門店
猫乃目堂
近頃煙草を嗜む猫族が増えました。
本格派の貴猫には猫乃目堂がお勧め
是非一度ご来店下さい。
販売担当、シロ
猫は黙ってマタタB
マタタB 一三〇圓
MATATAB
CIGARETTES
Helvetia
EUROPA
HELVETIA
端午
thank you
ひろしま
おかやま
かがわ
とくしま

珍藏的 a postcard 明信片

關於交換的這件事

交換明信片大約是有個週期性，某些日子換得特別勤快，某些日子怠惰些，勤快的時候天天下樓開信箱等郵差，一張一張地細細翻看，咀嚼著那些來自各處的文字與問候。怠惰的日子裡收到朋友的明信片是加乘的開心，掛念惦記的溫暖可以存放好些天。總是有那麼貼心的朋友捎來投我所好的明信片，特別是掛載時間成分的手工拼貼，每一張都在開箱時刻即博得滿心嘆服。與刻各種印章才華洋溢的朋友自製片各路高手們交換的明信片亦是珍藏，看了再看，看它千遍也不厭倦。才華洋溢的朋友的自製片也是每次開放交換就必定報名前去，整整一疊都是傳家寶。對於Postcrossing的明信片是憂喜參半，收到慎重對待的片會眉開眼笑地飛奔上樓，立即點開網頁傾訴滿心感謝，外帶拍照上傳與大家一同分享（名為分享實為炫耀）。有些時候也會收到令人皺眉的片子，這種時候禮貌也還是不可缺，基本的謝謝是必要的。特殊印刷或是特殊材質與造型的明信片，無論是觸感或是惦手的分量都讓人驚歎，嘖嘖稱奇原來有這樣的明信片呢（又或者，更多的是：原來這樣也是可以寄送的呀？）。

珍重收藏

喜歡手寫文字，喜歡展信愉快的歡愉時刻，信與明信片等等喜好自是不必再說，郵票與郵戳也是珍藏的重點項目之一，除外，各國的 VIA AIR MAIL 標籤也是收藏目標哦。國內不定時會推出特殊主題的郵票，配合郵票主題會有的是特殊紀念郵戳，當然是一網打盡。記得也是為了收集來自各國的郵票才開始了我的 postcrossing 之路，而這條路上的同伴總是那樣可愛，期待越多郵票越好的條件向來甚少落空（Postcrossing 裡面可以設定自己的自我介紹，在這個區塊可以寫自己的喜好，我填的就是：我喜歡很多郵票，如果可以的話，請貼上小面額的郵票，越多越好。），偶爾收到國外的特殊造型郵票感覺如獲至寶，必定要上網查詢身世來歷。國內的郵票近幾年漸漸地多元發展，特殊造型與加工的郵票也不落於外國朋友之後，絕對是相當令人驕傲的（題外話：若是郵局的周邊產品也可以更多元更親人些那就太好了呀～）。

收納如是說

隨著明信片的造型越來越超脫四方，收納也是個隨之增長的煩惱，對於有輕微強迫徵狀與不整齊不行的A型人如我來說，無法好好地收成一本乖巧寧靜地站在書架上就是令人芒刺在背。目前的收納是這樣的，一般尺寸規格的明信片不論厚薄一律用明信片收納本安置，大創就有賣的明信片收納冊不僅可以收明信片，還可以收納票根票券與種種拼貼材料，是文具人的居家好幫手。特別的造型片，超大明信片與長長的片子們則是用活頁資料夾收齊，文具公司相當貼心地有各種尺寸的活頁資料夾可供選擇，同一本裡面可以夾入不同尺寸的收納袋，也算是相當便利的。選擇稍微有些厚度的資料夾可以為高磅數明信片們提供較好的支撐而不至於東倒西歪。

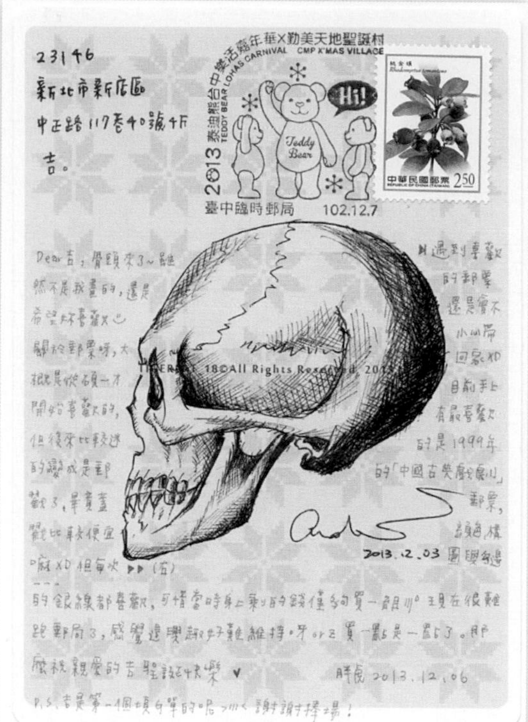

喜歡的是……

台灣的印刷產業相當發達，各個大小市集內必定會尋到的就是明信片，每位創作者風格迥異，任君挑選包君滿意的程度足以令大小朋友都滿足。自己特別偏愛厚實的紙張，覺得有些厚度的紙張份量足夠，比起信件反而比較像是卡片，不若一般普通明信片那樣輕若鴻毛。若是遇到特別吸引目光的圖面即使紙張單薄也還是買單，純收藏不寄出，太過薄軟的明信片在寄送過程中很容易折損，自己心疼，收到的人也心疼。

在文字之間

好久不見！Hi，你好嗎？很高興和你交換！

It really nice to meet you, Happy Postcrossing!

多神奇的一個屬於交換的動作，我們交換彼此未曾謀面卻相同期待的興奮心情，交換你有我沒有的文具寶物，交換一隻貓，交換一棟屋子，交換一個顏色，交換最珍惜的那個回憶與那句話。不論是單純地收寄或是設定主題的遊戲，這個介在信與卡片之間的存在物，總是帶給人們無盡的歡樂。

創作 獨一無二的 明信片

a postcard

about **趙小隆**

七年級背包客！足跡遍佈10餘國50多個都市，踏上南極大陸寄張明信片是人生的終極目標！

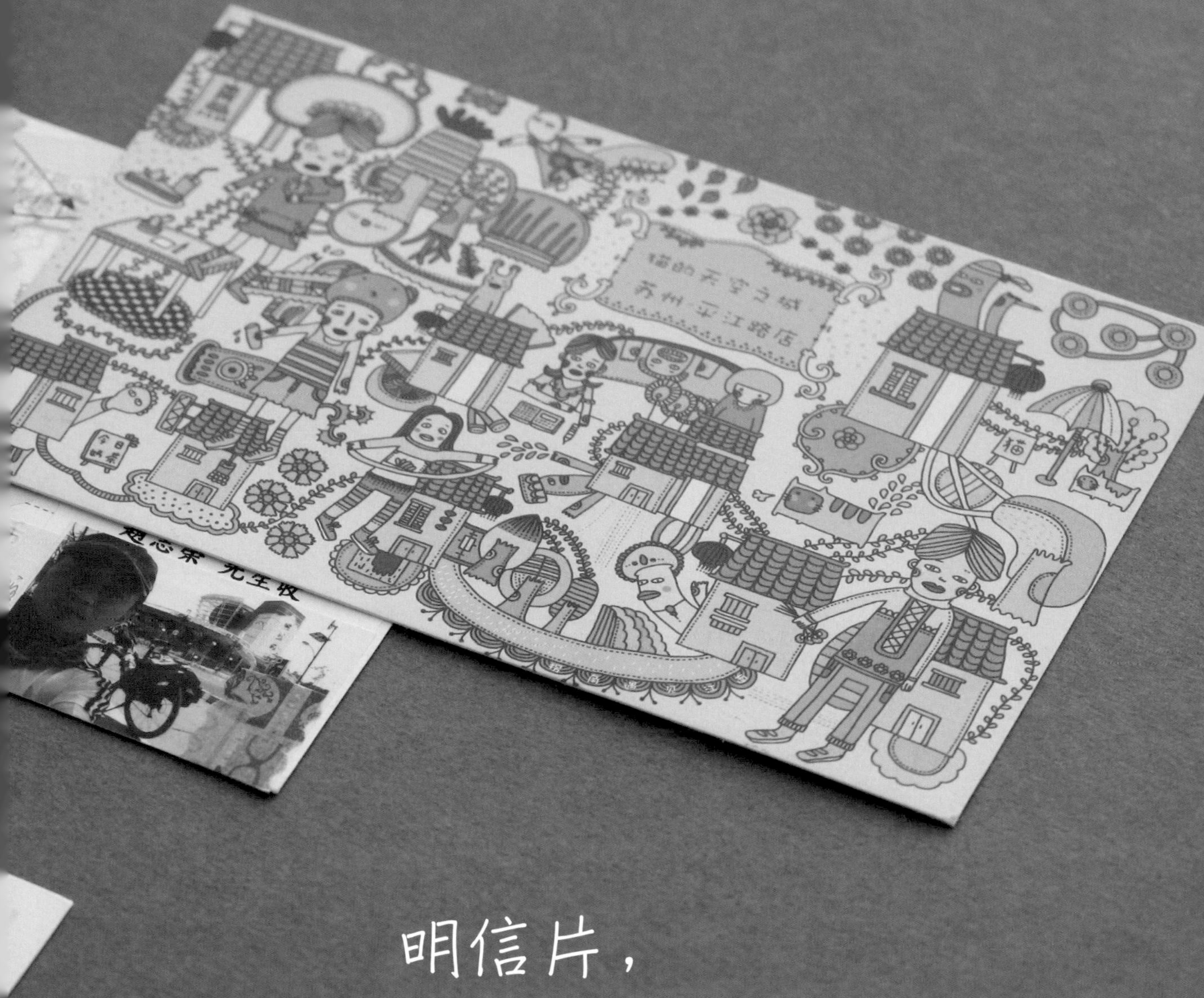

明信片，旅途中最重要的部分！

文字 by 趙小隆
攝影 by 王正毅

大四收到的第一張明信片，來自澳洲墨爾本的遊學朋友，密密麻麻的字配上陌生的封面，完全無法理解這到底是怎樣的概念？為何有人喜歡這玩意兒？直到自己出國後，從開始的意思買一下、到後來不論千方百計、千里跋涉也都得寄一張，甚至買不到就自己做的地步，只為了證明自己曾經踩在這塊土地上，明信片就這樣成為了旅程中最重要的部分。

HOLGA
OPTICAL LENS
1:8 f=60mm
CHURCH
MELAKA
HUA HIN

平凡的不簡單任務

寄明信片給自己的第一要務，就得先買到明信片。看似簡單的任務，出了國才發現不是這麼一回事。多數觀光區買明信片不成問題，清邁舊城、耶路撒冷、暹粒、普吉島等熱門景點，想不買還真不容易。但愈少人去的地方，越容易遇到奇怪的事情，就愈難買，也更激發想寄的心情。

DonSao 島的明信片，現在只能藉由寄出前所拍的照片憑弔。

最黑心名信片

一個位於泰國、寮國、緬甸三國交界的寮國沙洲，入境卻不需要簽證的 DonSao 島，讓我說什麼都得拿下這難得的明信片。當天從清邁租了機車一路往北狂飆 300 公里，多次騎到快被周公抓走，好不容易抵達泰國口岸，找條時 300 元的小船載我到島上，所見的明信片盡是灰塵覆蓋卻要價 50 元，那有歷史印記的郵票，也是 50 元！這樣平均下來，花了五小時的騎乘、快 400 元的資金只為了這一張難得的明信片。事後證明，郵票上的歷史印記，只證明他是一張用過的郵票罷了！因為，這個地方寄出的明信片，沒有一張收到，真是黑心到了極點。

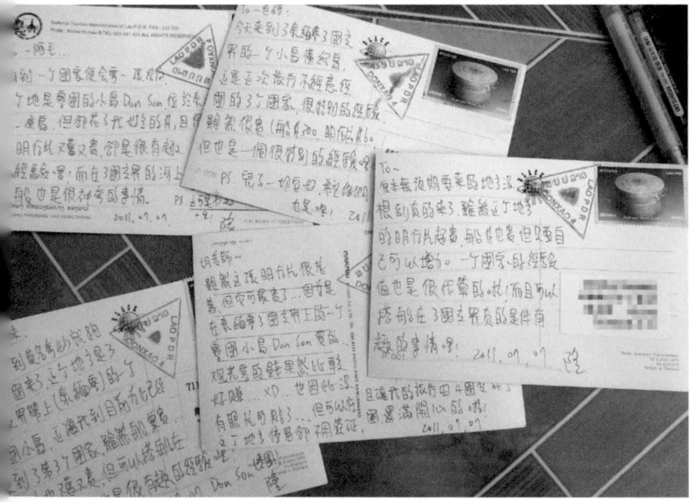

書寫的美好。我的明信片們！

最難寄的明信片

寄出明信片的最後一步是貼上郵票、投入郵筒 OVER 收工，一張沒有郵票的明信片總感覺少了味道，但怎麼也沒想到有個國家的郵票難買到爆炸。這個國家就是「約旦」，一個在當地工作的朋友直接說，即使是當地人也買不到郵票，所以只能交給郵局代為處理，這對明信片控的我來說真是重大打擊，最後好不容易在安曼市區找到郵局買了郵票，然而下場是，明信片又去環遊世界了，有時候真想問，花那麼多時間找郵票是為了什麼（註：大家都猜測著，郵票之所以難買，大概都拿去當簽證用了吧！因為約旦簽證就是一張價值 800 元的郵票，冏！）！

（約旦簽證所使用的 20 元郵票，幣值 1:43）

最難找的明信片

最難找的明信片令人出乎意料的是：開羅。以金字塔聞名於世的七大奇蹟，附近卻找不到像樣的明信片，只好隨意買張舊到不行的駱駝金字塔來紀念。最後，在離開之前才在最大的百貨公司 City Star 買到精美版。這，誰會去百貨公司買明信片啦！

開羅百貨公司買到的精美明信片。

吉薩金字塔買到的老舊明信片。

找不到明信片？

若找不到足以彰顯這趟旅程價值的明信片，那就自己做一張！從一開始只在背面寫下單純的字句，到開始利用POGO照片增添其故事性，最後在環島過程中以地圖、照片、文字、當地郵戳與DM，構築那自己所創造出來的獨特明信片，不僅成為自己最有感觸的收藏，在朋友的眼裡，也是一種最溫暖的手作分享。若真要我選擇，那怕字跡扭捏、畫素模糊的手作，都遠比一張商業色彩濃厚的明信片來的真實與柔軟。但可別用擦擦筆、噴墨貼紙來手作，小心大雨過後變成一張抽象畫派的明信片！

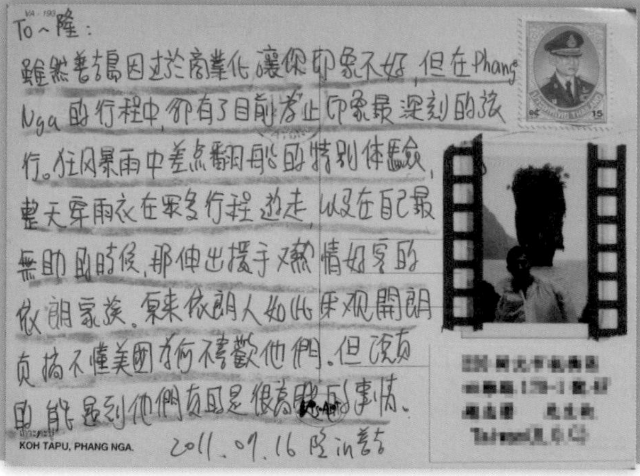

利用 pogo 圖像，總可以把自己拉回過去的回憶裡。

利用 pogo 印出 QRcode 的明信片，朋友用手機掃描就可以看到來自現場的特製影片！

利用噴墨貼紙與水性筆的手作明信片，雨若再大點就是抽象畫了。

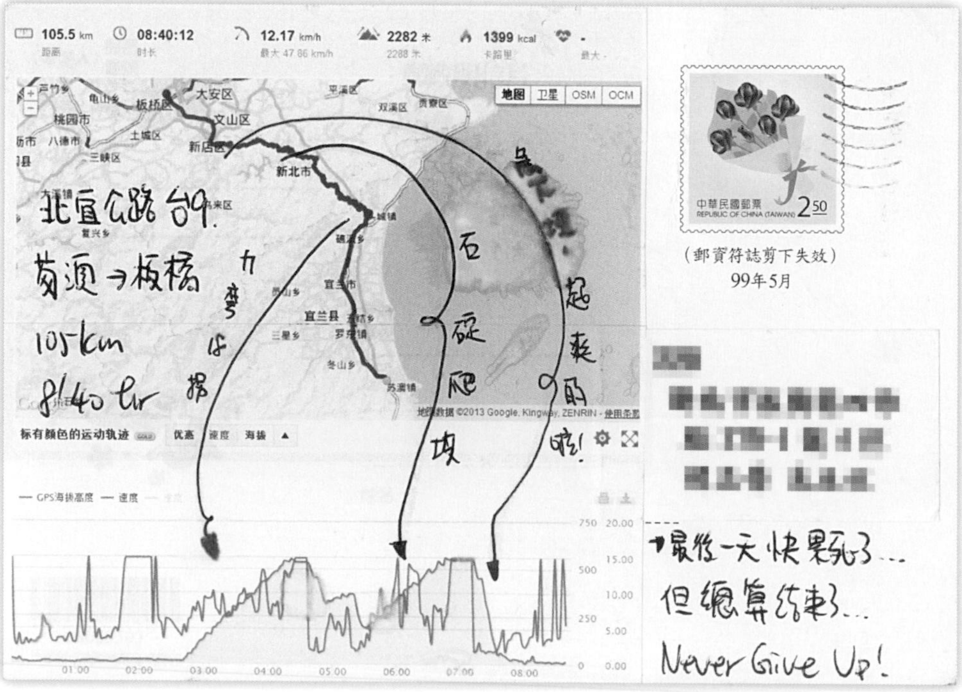

Part 1

書寫的美好。我的明信片們！

珍藏的 a postcard 明信片

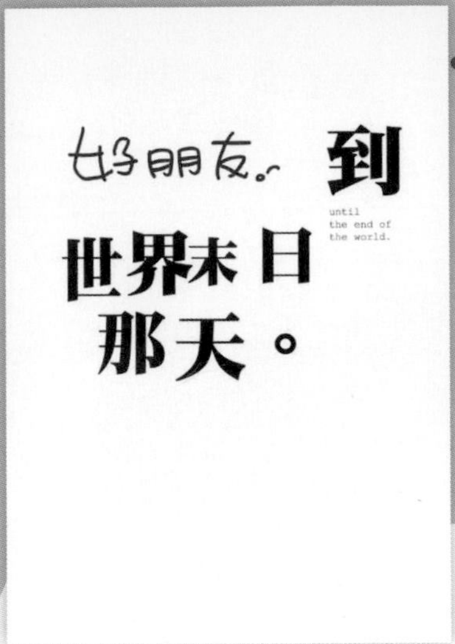

1 From~橘子！

樸素的封面，配上那簡約的十個字，收到明信片的我馬上融化，還有甚麼明信片能比這張更有溫度呢？

2 絲路單車騎行

由西安到烏魯木齊的三千公里長征，許多沒有明信片的地方，只能用pogo照片刻劃路線，編織封面故事：公路爆胎、沙漠灰頭土臉等，沒什麼能比這張更貼近真實！

3 埃及西奈半島—達哈布

紅海畔的浮潛聖地，為了買明信片逛了幾個店家，店員報價後我還猶豫是否要買的當下，店員竟然拍桌大怒後就轉身離開了，被嚇的我只好乖乖買了好幾張。畢竟，這地方很常綁架觀光客然後撕票。

4 泰北清萊美斯樂

「異域」孤軍，一個國共內戰後被遺棄，卻自認是中華民國後代的村落。聽著大哥訴說著課本也不曾記載的過去，感觸到最深的無奈莫過於歷史的隻字未提，而當地的居民在白天的泰語課程結束後，還要求孩子學習中文，大哥說：可以沒有國，不能沒有文化的根。

5 埃及吉薩金字塔

科幻電影被毀滅多次的金字塔，配上沙漠中特有的駱駝多應景？別傻了，當初避之惟恐不及，只有跟團的才會傻傻的上了賊駱駝，下來的代價可是100美金啊！

6 約旦佩特拉玫瑰城

世界最新的七大奇蹟之一，佩特拉玫瑰城，變形金剛的火種源就藏在這兒，還能不列入精選？

7 埃及亞歷山卓

不論是希臘化時代，或藏書豐富的亞歷山大圖書館都是這都市的代表，但永遠比不上這位回教的聖人，這就是埃及的縮影。

8 埃及亞斯文

聽過阿布辛貝神殿的人很多，但能站在他面前，還寄了一張明信片給自己的人，應該不多吧？很難得的是，現場比照片更壯觀。

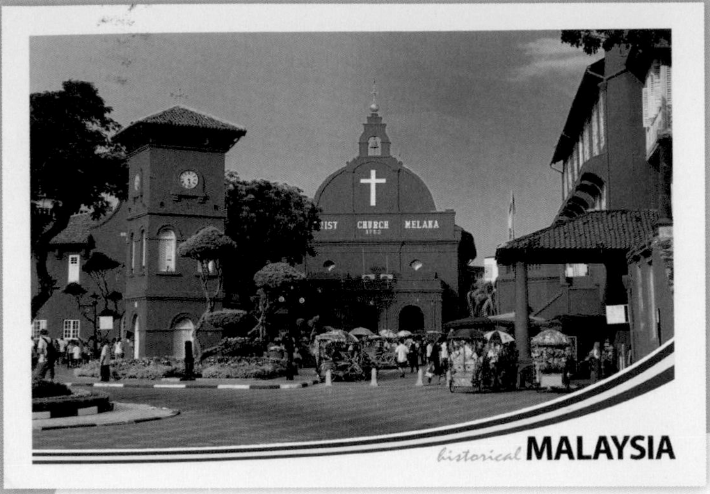

9 馬來西亞麻六甲

曾受荷蘭殖民的土地，羨慕著異國有著世界文化遺產，卻在雞場街的PUB聽到一個女生說：「我好喜歡台灣，台灣好好玩，好有趣！」每次看這張明信片就會告訴自己，身為台灣人真好。

10 以色列耶路撒冷舊城

世界應該找不到比這還要神聖卻詭異的都市，猶太、伊斯蘭、天主、基督徒在中古世紀的石板街上走動卻彼此視而不見，連自己是亞洲人的身分也一併被忽略，這身處異國的自在感還是第一次體驗到。

11 中國蘇州

蘇州的未來明信片，在指定的日期寄給未來的自己，這電影才會有的情結，怎樣都不可以錯過。

12 柬埔寨金邊

如同50年代，沒有繁榮卻充滿活力，沒有名牌卻充滿代工的舶來品！這是一個比吳哥窟來的真實的首都，一個記憶中的台北。

13 泰國華欣

一個因故而未能抵達的都市，朋友知道了也去了，就寄了這張給我。是有怎樣的明信片可以比這張更讓自己覺得遺憾的？這麼機車又夠意思的朋友到哪兒找！

14 菲律賓 TaalVocano 活火山

呂宋島南部的火口湖，湖中間的火山島，火山島中間的火口湖，於是搭著船到圖中的火山島，爬到火山口看到還在冒煙的火口湖！這全世界最小的活火山也太有梗了！

15 上海世界博覽會中國館

要進這個館有多難？四點半起床，五點半抵達入口開始排隊，九點開館拿票，還限定傍晚五點抵達再排兩個小時才能進館，從2010年看完到現在，我只記得有會動的清明上河圖，還有會動的中國人！

16 金門

看了碉堡、坑道，想著在金門當兵的軍人們，再看這張明信片，就是它了！

17 喀什米爾

這輩子應該很難再收到來自喀什米爾的明信片，一個隸屬於印度卻飽受巴基斯坦威脅，但當地居民卻認為自己應該是獨立的國家，而後面高聳的就是喜瑪拉雅山！

18 土耳其卡帕多奇亞

搭著熱氣球，住在岩石洞穴旅館，看著當地特殊的岩層，這麼夢幻的場景，不僅是我的珍藏，更是這輩子怎樣也要去一次的地方。

19 烏來

對於烏來總有雲霧繚繞、人間仙境的錯覺，要落實這個錯覺，就只好自己動手亂做一番！這就是我心中的烏來！

20 泰國清邁

在清邁的日子，就是租著機車到處遊晃，閉起眼睛想的不是清邁佛寺、不是舊城，而是那街道上的汽機車與那好幾次差點騎到天國的右駕！

about **Hitokage**

奉「玩得開心」為最高準則，
旅行、拍照、手作、畫畫，
什麼都愛玩也什麼都想嘗試；
更喜歡把玩過走過看過的事物用文字和照片記錄下來分享給人們。

網誌：http://welkinwayfarer.blogspot.tw/
Instagram：http://instagram.com/welkinwayfarer

病人膏肓但不想治癒的「明信片病毒」！

我一直都很喜歡在旅行時挑一張自己喜歡的明信片，寫下當下的心情或見聞，然後寄給自己或朋友當作紀念。這個習慣後來漸漸演變成了只要有朋友去旅行，就會順便寄一張明信片來安慰沒法出去玩耍的我（以免我一直碎碎念）。之後，有位朋友轉貼了 Postcrossing 這個和全世界的人交換明信片的計畫的網站，我便從此踏上了和明信片難分難捨的不歸路……。

文字 by Hitokage
攝影 by 王正毅

珍藏的 a postcard 明信片

一開始我就只是乖乖地照著標準玩法玩而已，但過了一陣子覺得不夠過癮，就主動出擊找看對眼的各國玩家問直接交換明信片，也跑去參加了各個論壇上交換明信片的活動，認識了許多台灣的同好，也認識了不少世界各國的好朋友。隨著收藏的明信片堆得越來越高，我對郵票、郵戳、風景印等等明信片的「附加品」越來越有興趣；也偶爾會自己畫或做些明信片來寄給朋友，甚至還跑去把自己畫的畫印成了明信片，真的是玩得越來越過火了呢（笑）。看來我中的這個「明信片病毒」應該是無藥可救了，但我病入膏肓得很開心唷（笑）！

1 已經想不起來我是什麼時候培養出「出去玩時會買（寄）張明信片給自己」的習慣了，但翻看著這些明信片總是會讓我陷入一段段旅行的回憶之中。尾道，是個位在日本廣島縣海邊的小城，很適合亂走亂逛亂拍照亂鑽小巷子追貓咪，在這兒可以吃到在日本頗有名的尾道拉麵，而且……啊，再回憶下去要被編輯刪字了，就此打住吧！（笑）

2 這張是去柬埔寨旅行時寄給自己的明信片，但大概是當時柬埔寨郵局的效率不怎麼好的關係吧？我一直等到連自己都忘了有寄過這麼張明信片的時候，才終於在信箱裡發現它的身影。這段「失而復得」的旅行回憶好珍貴哪！

3 我的朋友中有不少人都被我訓練出出國玩時會寄明信片給我的好習慣（笑），這張明信片就是其中一位朋友去瑞士玩時寄給我的。雖然背面只寫了一句「不知怎麼，我看到這張明信片就想要寄給你。好可愛的牛牛！」而且還沒有簽名，害我一時之間不知道是誰寄來的，不過這四隻可愛的牛牛的確每次都能在我心情不好時讓我笑出來～

書寫的美好。我的明信片們！

5 我一直都很喜歡插畫明信片，也有在我的 Postcrossing 的個人檔案上寫上這一點。但沒想到居然會有好幾個人幾乎在同一時間點都寄了這張插畫明信片給我，因此我有四張完全相同的明信片，當然它們的背面都不一樣啦（笑）。

4 這張貓咪撲克牌明信片也是朋友去玩時寄給我的。這是我第一張（目前也是唯一一張）複合材質的明信片，毛茸茸的表面摸起來相當有療癒效果！雖然我很想一直摸，但我怕會弄髒它，所以還是乖乖地把它收在塑膠套裡收藏起來。

6 我有陣子很常逛 Postcrossing 的論壇，也在上面留了不少言，沒想到有人看到我的留言（而且還是和明信片風馬牛不相及的留言！），就主動說要寄明信片給我，而且不要求我回寄明信片，只希望我收到明信片時會覺得開心就好。於是我就多了這麼張值得珍藏的明信片。

7 這張明信片躺在我的「我想收到這樣的明信片」的清單裡很久了；其實我一直都不冀望能夠收到這份清單上的明信片，但人生嘛總是會有驚喜的，所以我就真的收到它了！（笑）寄件者不但特別去找來這張明信片寄給我，還很認真地湊了同樣是藍色系的郵票來配正面的貓咪，好用心哪～

8 這是我透過 Postcrossing 交到的第一個筆友寄來的明信片。我們一開始還會乖乖地在一般大小的明信片上努力多塞幾個字來通信，但這沒多久就演變成互相比較誰找到的明信片比較大張的戰爭了！（笑）此外，這場戰爭最後還是以雙方都屈服於一般信紙的結局坐收了，畢竟大張的明信片真的太難找了！（笑）

9 某次透過 Postcrossing 隨機寄出明信片給某位日本的玩家，大概是因為我在上面寫說我很喜歡用青春18車票坐慢車旅行的感覺吧？他就回寄了這張非常像青春18車票的廣告明信片給我。每次看到這張明信片都好想立刻包袱款款去旅行哪~

10 某次在日本搭火車去旅行時和坐旁邊的人搭話，沒想到一聊就一拍即合，還發現我們都是 Postcrossing 的玩家，真是奇遇啊！（笑）旅程結束後她寄了這張愛心型的明信片給我當作紀念，背面還有愛心型的郵票和日本只有兩個地方有的愛心型風景戳，好用心的紀念哪！

書寫的美好。我的明信片們！

11 據說這是日本迪士尼樂園很久以前出的明信片，而我會得到這張明信片只因為我說了一句「我小時候去過日本的迪士尼樂園，但老實說幾乎記不得什麼了」，於是寄件者便說「那這張明信片說不定可以讓你想起以前的回憶」……嗯，雖然我和它互瞪了好久還是沒想起什麼東西，但這張相當特別的半透明明信片可是我的珍藏之一唷！

12 有時候我會去參加一些特殊主題的明信片交換活動，而這張明信片就是「盡你所能用郵票把背面貼滿」的活動的產物。正面的圖案一點都不重要，因為背面的郵票才是重點！

13 我一直都對各國語言很有興趣，所以收到這張以色列寄來的希伯來文字母明信片真的很開心！而當我把這份開心告訴寄件者後，我就又收到了一張背面寫滿了希伯來文的明信片……。為了解讀它，我花了整整兩小時一個字母一個字母去對照再打出來拿去線上翻譯；沒想到一張字母明信片居然會為我帶來這種解讀暗號的體驗呢（笑）

14 偶爾會有被我的文章釣到（嗯，希望是這樣啦！）的網友說想要寄明信片給我；但這一位網友卻是第一個不和我說要從哪國寄明信片給我的，印象深刻哪！（笑）噢對，這是從中美洲的貝里斯寄來的唷！糟糕，我得去查一下貝里斯究竟是怎麼樣的國家……（笑）

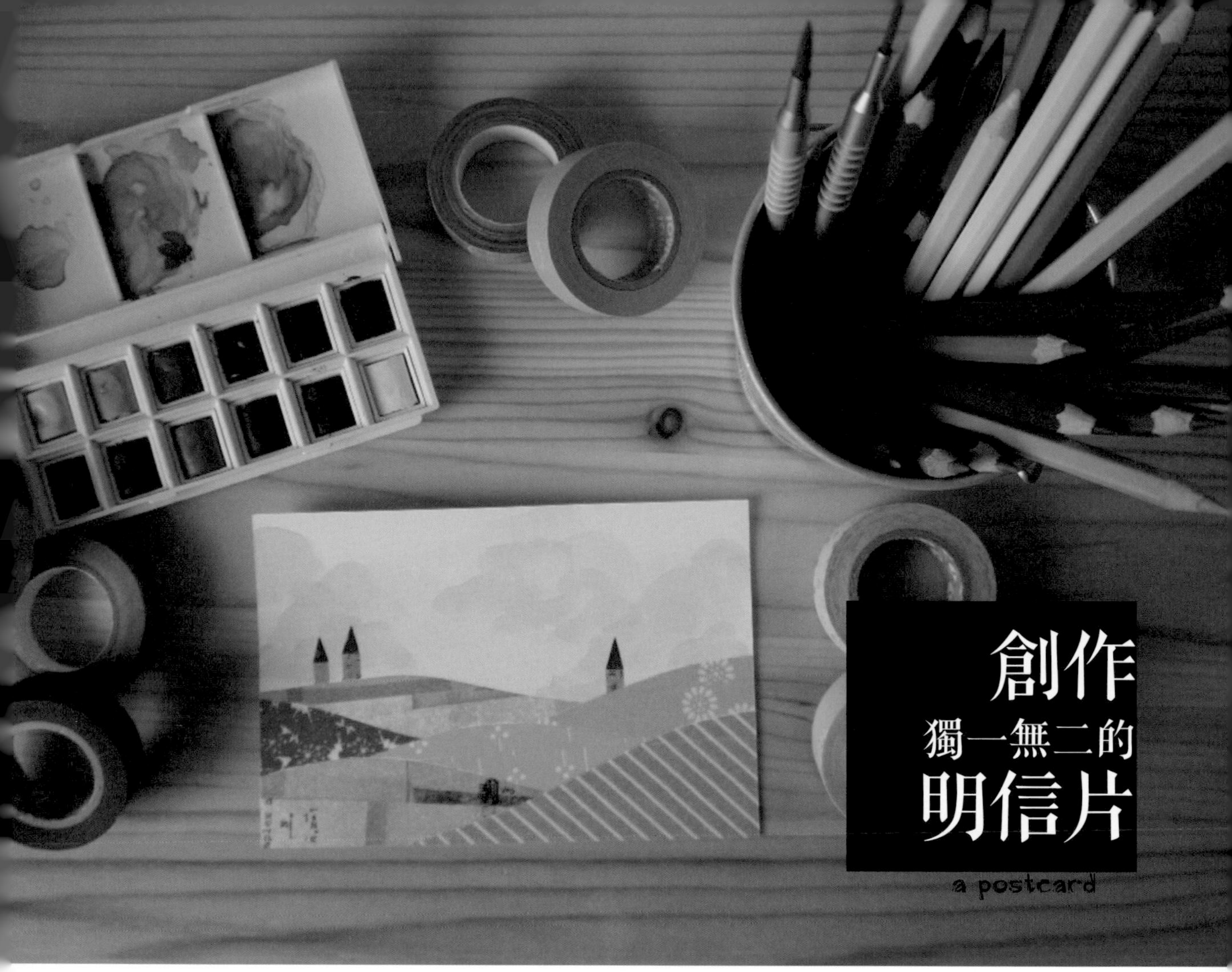

創作 獨一無二的 明信片

a postcard

用幾捲紙膠帶、一點水彩或色鉛筆，再加上十幾分鐘的時間，就可以把腦海中那片「我現在就想去這樣的地方玩耍！」的景色寄給朋友唷！（笑）

How to Make

01 找一張空白明信片，隨意在一角貼上紙膠帶，然後再用美工刀輕輕地割出丘陵般的弧形。

02 割完後把多餘的紙膠帶撕去，再貼上另外一種花樣的紙膠帶。

03 因為紙膠帶本身有厚度，所以就算紙膠帶的花樣不夠透明，也可以順著邊緣輕鬆地割出和前一座丘陵的分界線。

04 重複以上步驟，就可以做出層層交疊的丘陵。

05 不過只有丘陵有點太寂寞了，再剪個長方形和三角形，來蓋棟小房子吧！

06 把超出明信片邊緣的紙膠帶割掉後，就差不多完成囉！

07 如果喜歡的話，也可以再找出色鉛筆或水彩，抹上幾筆天空的藍。

08 稍稍替換紙膠帶的組合，就又是不同的一番景色了。那麼，要把這幅景色寄給誰好呢？（笑）

part.2

環遊世界的明信片

Chain Postcard

覺得只是在明信片背面寫上幾句話，
貼張郵票寫上地址再丟郵筒寄出很無聊嗎？那麼，
就來寄張 Chain Postcard 吧！
Chain Postcard 是種「玩」明信片的好方法，
只要找三、四個（或更多）志同道合的人
湊成一團就可以玩囉！

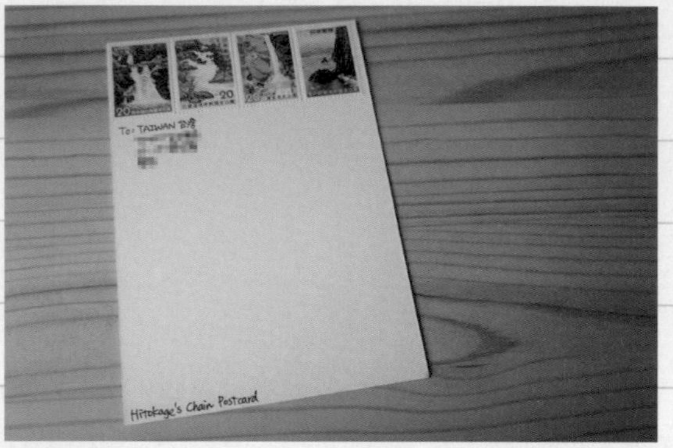

例如我的「基本款」的 Chain Postcard，在寄出時是這麼個樣子。其實它就只是一張兩面空白（背面是完全空白的）的硬紙板罷了。

但在它去我五位朋友的家裡繞了一圈，再回到我手上時，就變成了這麼個樣子。最基本的 Chain Postcard 上除了會有很多郵票、郵戳以外，說不定還會有不少寄送過程中造成的損傷。這些「旅行的痕跡」看似平凡無奇，但可是相當吸引人的唷。

怎麼樣，這張由眾人出資供它到各處旅行的 Chain Postcard 很棒吧？（笑）

Chain Postcard 究竟是？

Chain Postcard 的玩法乍看之下可能有點不好懂，但實際上並不會很複雜。只要先排好順序，例如「A→B→C→D」，就表示 A 要自己選一張明信片，把它寄到 B 手上，B 再把那張明信片寄給 C，C 再寄給 D，D 收到後再寄回去給 A，這樣就是一個循環了。而 B 的明信片也是照同樣的順序，分別經過 C、D、A 後，再由 A 寄回 B 的手上；另兩個人的明信片也是依此類推。所以參與的每個人都能得到一張旅行了一圈後再回到自己手上的明信片。

而玩 Chain Postcard 要注意的有三：第一個是，為了防止明信片上有太多人的地址而造成郵差的混亂，收到明信片後，最好要把自己的地址給蓋掉，再寄給下一個人。蓋掉地址的方式有很多種，例如直接拿郵票或貼紙貼掉，或者拿立可白或黑色筆塗掉也是種方法。當然也可以一開始就直接另外拿一張紙寫好地址，再用紙膠帶貼在明信片上，這樣下一個人收到後只要撕掉那張紙就可以了，不用傷腦筋該怎麼把地址蓋掉。

例如我的 Chain Postcard 照片中一角的那張紙，就是另外拿來寫地址再用紙膠帶貼到明信片上的，收到後只要撕掉就可以了。它同時也有遮蓋已經被銷過戳的郵票（可以避免郵票被重複銷戳到圖案都看不清楚的慘狀，也可以避免郵局工作人員的混亂）的功能唷！

再來要注意的是，因為明信片的大小是有限的，所以要稍微注意「空間」的分配，不然排在後面的人就沒有可以發揮的空間囉。因此我通常都會直接拿兩面空白的硬紙板來玩。

最後要注意的是，太小的明信片會讓參與的人難以「施展身手」，而太過柔弱的明信片非常有可能在旅途中就陣亡；因此，最好挑選有一定厚度和大小的明信片，或者直接拿硬紙板裁成明信片大小來玩也是好主意（但要注意各國郵政對「明信片」的定義以及尺寸、厚度等等的規定）。

不過，如果只是由眾人出錢讓明信片們去各處繞一圈再回家的話，可能還是有點無聊，所以只要再多發揮點創意，就能把 Chain Postcard 玩得更有趣唷！例如規定只能用花卉或鳥類等某種主題的郵票，或者某種色系的郵票等等；但當然還有更多可行的玩法，翻到下一頁看些簡單的例子吧。

文字類

每個人各寫一段自己最喜歡的歌詞或電影台詞、寫下自己手邊的書的第X頁第Y行的那一句話、各自用一句話描述下目前的心情、故事接龍……

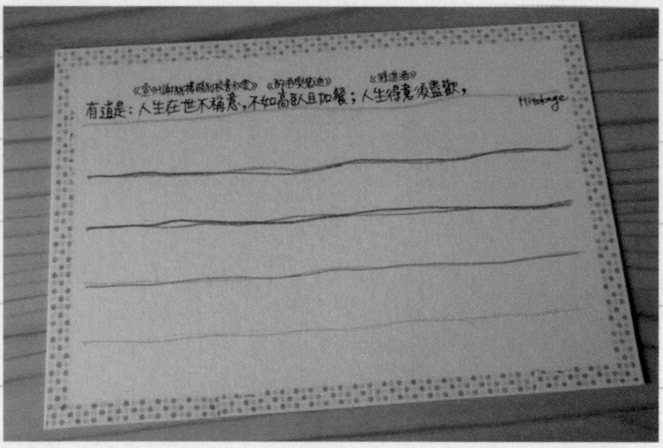

↑我的「詩詞 remix」Chain Postcard 寄出時的狀態。背面是專門用來貼郵票的。

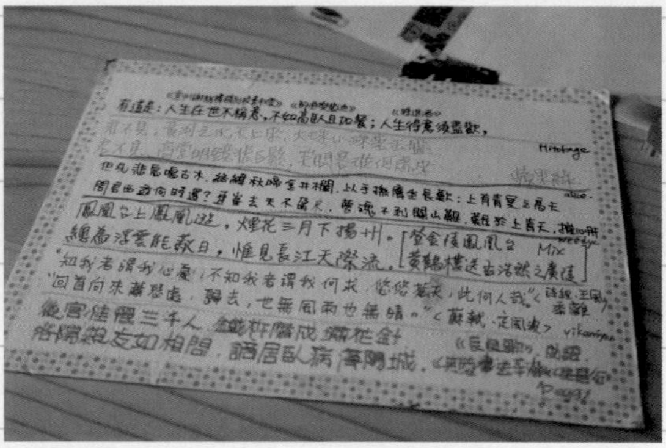

↑回到我手上後就變成了這麼個樣子。大家都好會亂搭詩詞啊！（笑）

↑而用來貼郵票的背面則變成了這個樣子。這就是這張明信片的旅行記錄唷。

畫畫或裝飾類

你一筆我一筆，把明信片當成畫布，大家一起合力完成一張作品、四格漫畫接龍，一個人畫一格漫畫，看故事會怎麼發展、每個人拿紙膠帶或貼紙想辦法把明信片貼滿，或者想辦法貼出一幅「畫」、拿自己（刻）的印章蓋在明信片上……

↑我的紙膠帶 Chain Postcard 寄出時的樣子，它的主題是：「夏天好熱！我需要清涼的波浪幫我消暑～」。

↑回到我手上後就變成這樣了。原本我腦海中想的畫面是橫的，但顯然大家覺得它應該要是直的，這真的是個美好的錯誤哪！（笑）

↑當然囉，它的旅行紀錄也挺不錯的！

只要發揮想像力和創意，Chain Postcard 的玩法還有無限的可能性唷。心動了嗎？快揪幾個朋友，想個主題，再找張明信片讓它代替自己去各個好友家裡走一圈，然後就可以開始期待它旅行回來後會是什麼樣子囉！

part.3

和全世界交換明信片
Postcrossing

在2005年開始的全世界明信片交換計畫Postcrossing，目前已有約48萬位玩家，分佈在212個國家內。只要會一些基本的英文，加入會員，填好基本資料，寄出明信片給住在某個你可能壓根都沒聽過的地方的人，等對方收到明信片後，你就能收到一張來自世界上某個隨機地點的明信片。聽起來很棒吧？

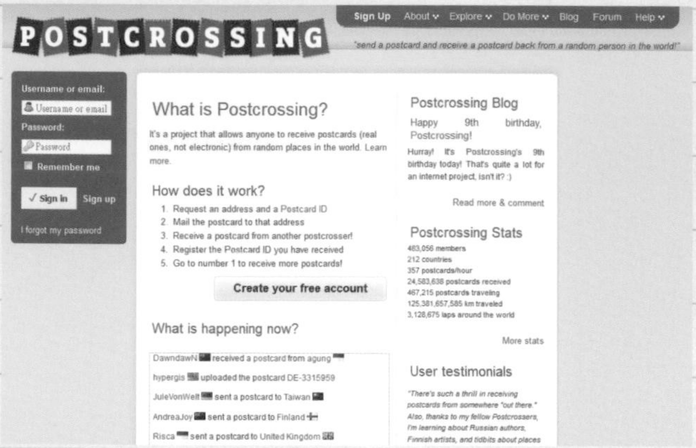

當然Postcrossing可以玩的花樣並不只是收寄明信片而已，但就讓我們先從最基本的功能開始吧！首先，請先連線到Postcrossing的網站：http://www.postcrossing.com，點下正中間的「Create your free account」（創立你的免費帳號），就能連到註冊會員的頁面。

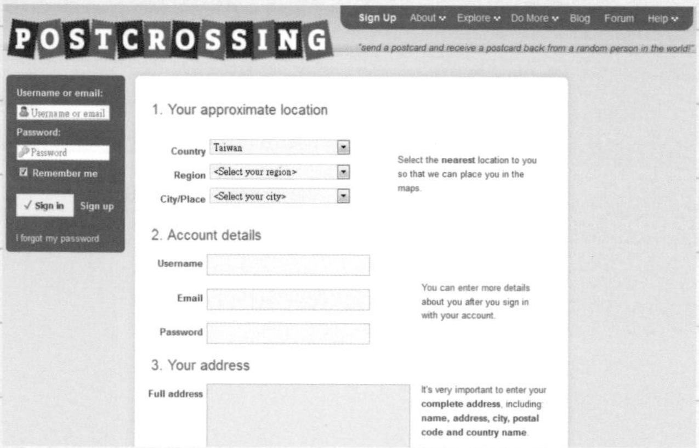

就像你看到的一樣，只要填入三大項的資料就可以囉！（https://www.postcrossing.com/signup）分別是：

1.Your approximate location（你的約略位置）
直接從下拉選單選擇你所在的國家（Country）、區域（Region，以台灣來說，這邊選的是自己所在的縣市）以及城市／地區（City/Place，就台灣而言，這邊要選的是鄉鎮市區）就可以了。

2.Account details（帳號細項）
三個空欄由上至下分別是：帳號（Username）、電子信箱（Email）和密碼（Password）。

3.Your address（你的地址）
請注意，這是要用來收明信片的地址，所以請務必填入完整的地址、郵遞區號以及收件者名字，不要省略任何東西唷。如果你住在非歐美語系的國家的話，也別忘了附上你的地址的英文翻譯唷～如果不知道英文地址該怎麼寫的話，可以去詢問所在地的戶政機關，或者上網至郵局的網站查詢。例如中華郵政就有提供中文地址英譯的服務：
http://www.post.gov.tw/post/internet/Postal/index.jsp?ID=207
只要填入自己的中文地址，再按下查詢，系統就會告訴你英文地址該怎麼寫了。不過，別忘了要把自己的英文名字或拼音寫在英文地址的第一行唷！

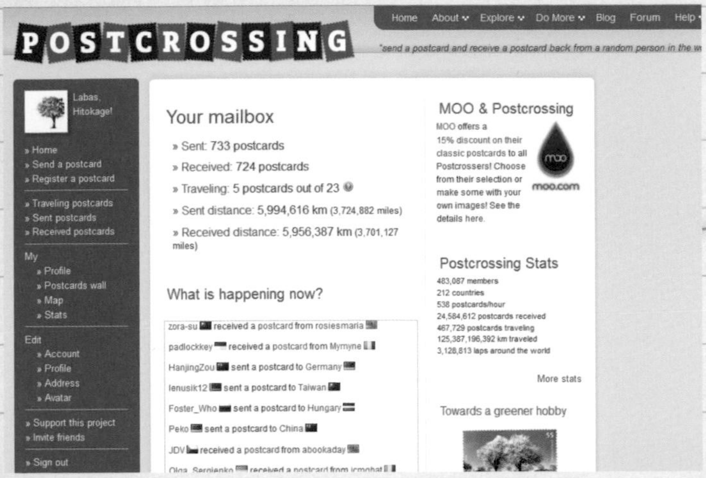

註冊好帳號並登入後，就會看到此畫面要透過 Postcrossing 收到明信片，先決條件是必須先把明信片寄到隨機的某個玩家的手上，所以，首先就來寄張明信片吧！點下左邊欄的「Send a postcard」（寄出明信片）。

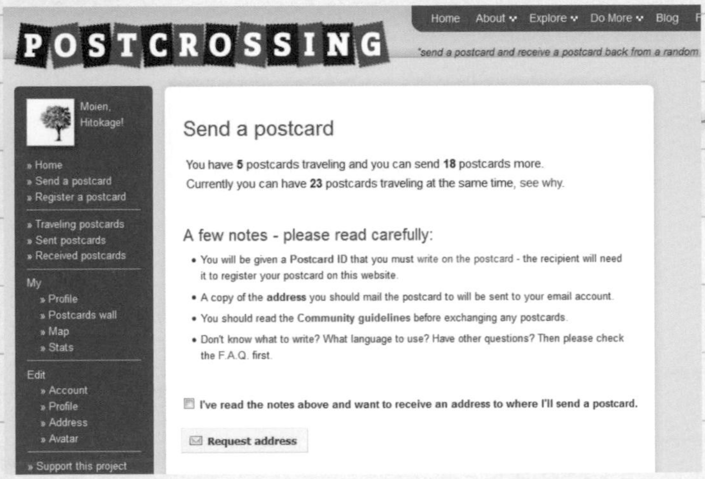

勾選頁面下方的確認框，然後按下「Request address」（取得地址）的按鈕，系統就會隨機從全世界的玩家中選出一個人，讓你寄明信片給他囉！

一開始每個玩家都有五張寄明信片的「額度」；待明信片寄達或者過期（expired，從抽到地址開始，超過 60 天後明信片還沒被登錄）的話，被用掉的額度就會恢復，就可以再繼續寄明信片了。這個額度也會隨著你寄達的明信片數量增加而變多，但一開始可能需要多一點耐心等明信片寄達就是了。此外，有幾點要注意的是：

1. 抽了地址後就一定要寄出明信片給對方，也盡量別讓對方等太久

2. 別忘了把 Postcard ID（明信片 ID）寫到明信片上

3. 不要事先連絡收件者，讓你寄出的明信片在它寄達之前都是個驚喜，不然就不好玩了！

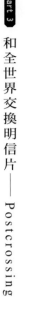

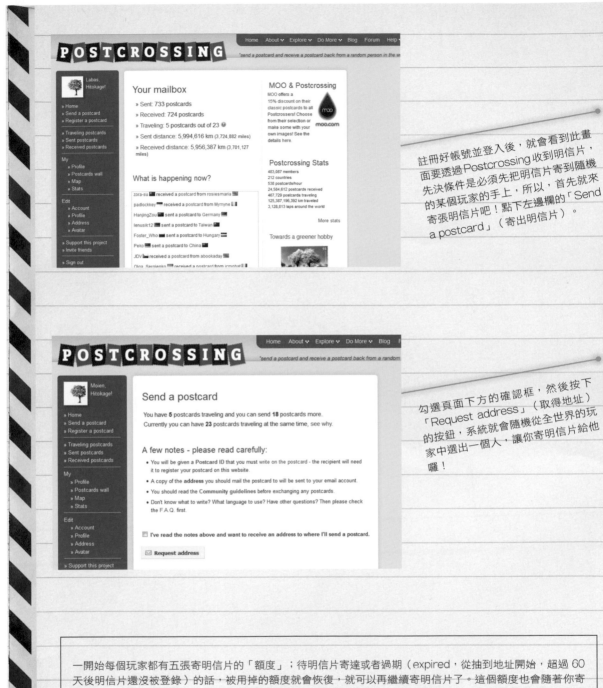

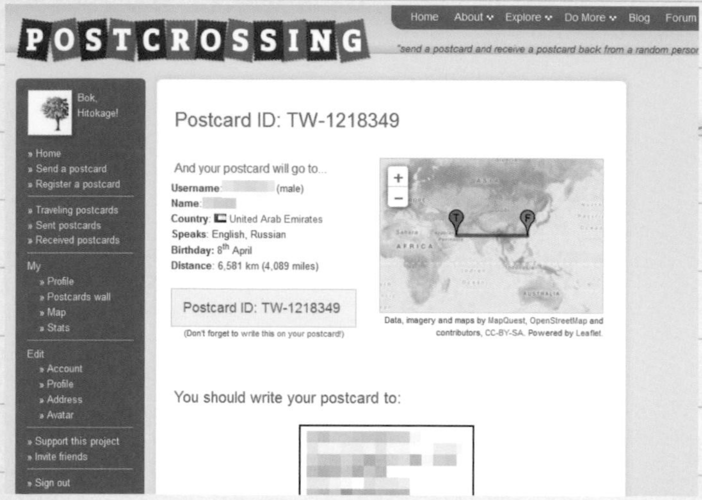

按下「取得地址的」按鈕後，會連到像這樣的頁面；最上面的 Postcard ID（明信片 ID）非常重要唷！一定要把它寫在你寄出去的明信片上，這樣收件者才有辦法用這個 ID 登錄你寄給他的明信片。這一頁上還會有收件者的基本資料、地址和自我介紹。

如果不知道要選什麼樣的明信片給對方的話，就看看他的自我介紹中有沒有寫他喜歡的明信片類型吧！而明信片背面，請以國際明信片的慣例格式書寫：

郵票貼在明信片的右上角，收件者地址寫在右半邊（郵票下方）；左邊則是寫你要給收件者的訊息。Postcard ID（明信片 ID）不論寫在哪裡都沒關係，但最好不要和地址寫在一起，以免被誤會是地址的一部分。寄明信片時通常不寫自己的地址，但如果要寫的話，請寫在明信片的左上角。

把寫好並貼好郵票的明信片投進郵筒後，就只剩耐心等待明信片寄到對方手上這件事了；當然你也可以再多寄出幾張明信片唷。

等對方收到你的明信片並「登錄」（register）後，Postcrossing 系統會寄出一封信通知你對方已經收到明信片了，信裡說不定會有對方寫給你的訊息唷！而在這同時，世界上某個角落的另外一位玩家就會抽到你的地址，並寄出一張明信片給你。

經過一段漫長但又讓人相當期待的等待後的某一天，除了幾乎天天都有的廣告傳單、定期出現的帳單以外，你會發現還有張明信片躺在你的信箱裡！驚喜之餘，也別忘了登入Postcrossing，登錄（register）這張明信片，好讓系統及對方知道你收到這張明信片了唷。登入Postcrossing後，點選左邊欄的「Register a postcard」（登錄明信片）：

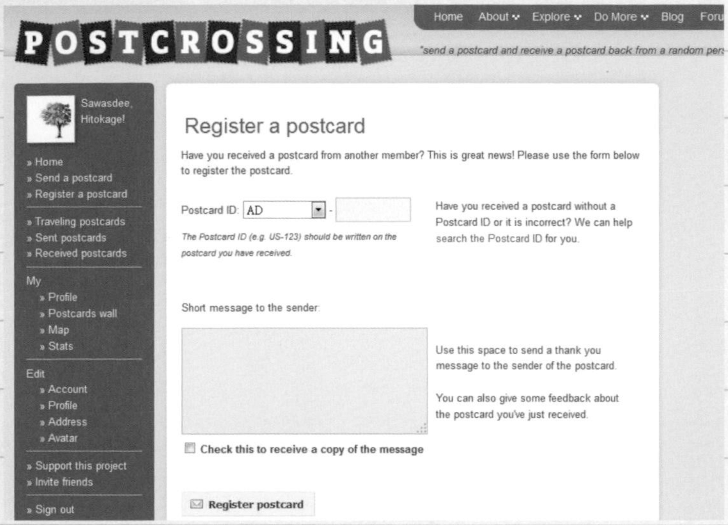
POSTCROSSING
Home
About
Explore
Do More
Blog
"send a postcard and receive a postcard back from a random per
Sawasdee, Hitokage!
» Home
» Send a postcard
» Register a postcard
» Traveling postcards
» Sent postcards
» Received postcards
My
» Profile
» Postcards wall
» Map
» Stats
Edit
» Account
» Profile
» Address
» Avatar
» Support this project
» Invite friends
» Sign out
Register a postcard
Have you received a postcard from another member? This is great news! Please use the form below to register the postcard.
Postcard ID: AD
The Postcard ID (e.g. US-123) should be written on the postcard you have received.
Have you received a postcard without a Postcard ID or it is incorrect? We can help search the Postcard ID for you.
Short message to the sender:
Use this space to send a thank you message to the sender of the postcard.
You can also give some feedback about the postcard you've just received.
Check this to receive a copy of the message
Register postcard

把收到的明信片上的Postcard ID照著填入表格中，如果有什麼想對寄件者說的話，可以把它寫在下方的大框框中，如果想要收到訊息的備份的話，就把下面的小框框打勾，再按下最下方的「Register postcard」（登錄明信片）按鈕，就完成告訴系統「我收到明信片」的步驟囉！

Postcrossing就是像這樣一直重複「寄出明信片、收到並登錄明信片」的步驟，所需英文能力的門檻不高，操作也頗簡單，更不需要等家人或朋友出國，就可以輕鬆收到來自世界各地的明信片。心動了嗎？

小小提醒

・要用什麼語言寫明信片？

Postcrossing世界中的公用語言是英文，但只要是寄件者會的語言就可以了。

・郵票要貼多少？

各國對於明信片的定義以及郵資的規定之間差異很大，建議上網查詢或直接至郵局詢問。台灣的明信片郵資可在此查詢：http://www.post.gov.tw/post/internet/Postal/index.jsp?ID=20503

・要去哪裡買好看的郵票？

各地郵政總局的郵票庫存通常比較豐富，比較有機會買到不一樣的郵票；各地的集郵社當然也是個挖寶的好去處。以台灣來說，郵政博物館裡的販賣處以及中華郵政集郵電子商城（https://stamp.post.gov.tw/）都是不錯的選擇。

・收到明信片一定要登錄嗎？

當然要！這可是最基本的規定唷。就算收到的明信片不如預期，它也還是一張遵守遊戲規則寄給你的明信片，所以一定要遵守遊戲規則登錄它，不然這個計畫就玩不下去了。（當然，太誇張的話可以考慮去申訴，但請先登錄再申訴～）

・想休息一陣子或不想玩了怎麼辦？

如果有一陣子無法登錄明信片的話，請記得一定要把帳號轉成「inactive」（非活躍）狀態（左邊欄的「Account」（帳號）→把第一欄「Account」中的「Your status」（你的狀態）從「active」（活躍）改成「inactive」（非活躍））。在這狀態下還是可以寄出明信片，但是系統會暫時停止讓你被其他玩家抽到，等到不忙了再改回活躍狀態，就能夠繼續收到明信片囉！不想玩時也請務必將狀態改成非活躍狀態，以免變成「呆帳」玩家。這一點看起來還好，但它其實是最最重要的一點，因為不少台灣玩家都是不想玩就放著不管了，呆帳玩家數量不少，這一點讓其他國家的玩家對台灣（玩家）的評價有點糟糕。

Stationery News & Shop

秋天的台北很熱鬧，
「TRAVELER'S notebook & company in TAIWAN」
「mt expo in Taipei」
兩場重要的文具圈盛事，讓文具迷們熱血沸騰，
且看超級粉絲黑女、柑仔聯手採訪的深入報導。

而除了重要的展覽，
本期當然還是要帶著大家一起，
看看**美東活版印刷設計**，探探**美西文具雜貨**，
日本的雜貨、**韓國的文具**當然也不能錯過，
增廣見聞，厚植文具的見識深度，
文具手帖帶大家去了解。

Stationery News & Shop 01

旅行到台灣

TRAVELER'S notebook 官方 event 首度來台

文字 · 攝影 by 黑女、吹吹

2

1

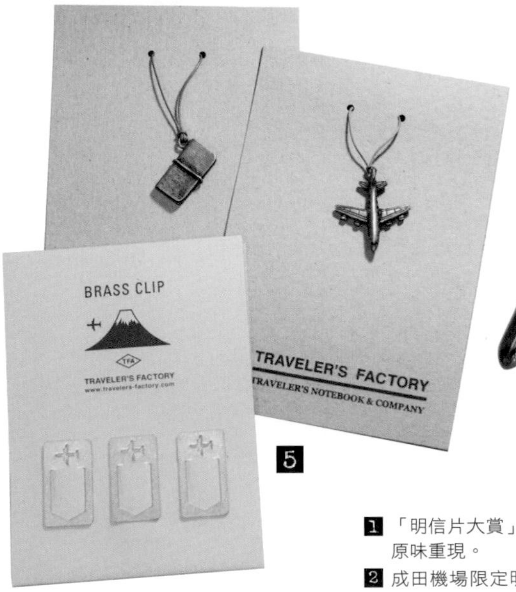

5

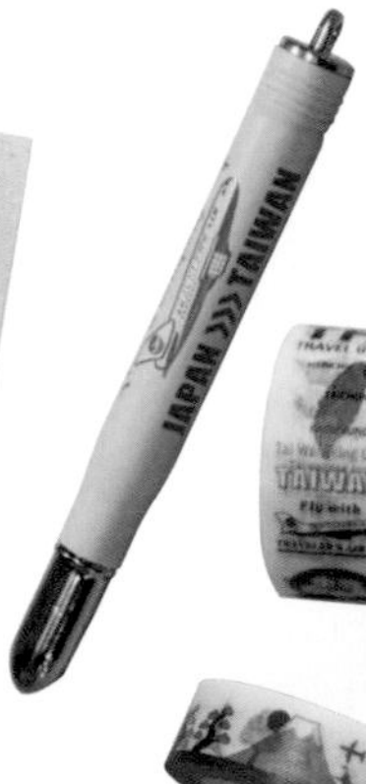

3

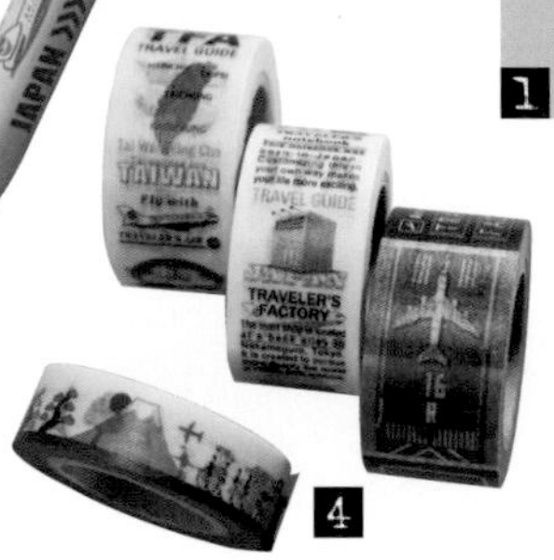

4

1 「明信片大賞」入選作品來台展出，彷彿 TF 中目黑本店原味重現。

2 成田機場限定明信片，江戶風情浮世繪中的旅人，可是人手一本 TN！

3 台灣限定款黃銅筆。

4 成田機場及台灣限定紙膠帶，火速銷售一空。

5 TF 本店限定吊飾以及成田機場限定黃銅書籤

壹、自由的旅人們，正蓋著章

對於熱愛 TRAVELER'S notebook（以下簡稱TN）的粉絲來說，九月份的大事莫過於在誠品台中園道店以及台北敦南文具館舉行的兩場活動。這是自從 Designphil 公司在 2007 年推出TN之後，首度在台灣舉行的官方活動，包括品牌總監飯島淳彥、設計師橋本美穗以及行銷統籌中村雅美等日方高層全體出動，也顯示出 Designphil 對此場活動的重視。

台北場的活動自9月7日上午11時至下午5時結束，營業時間尚未開始，文具館前已排滿上百位熱情粉絲，人手一本TN，摩拳擦掌準備參與活動。文具館的門口，也是活動的「限定商品區」，牆上貼有「TRAVELER'S notebook in TAIWAN」的字樣，以及官方LOGO。從木製的展示櫃到牆上裝飾的2013年「明信片大賞」入圍作品，力求重現中目黑的TRAVELER'S FACTORY（以下簡稱TF）旗艦店的擺設方式與氛圍。

店門開啟那一瞬間，所有「旅人」的夢想成真，TN的活動真正來到台灣了。

限定商品包括成田機場店限定的三款紙膠帶、明信片四款、限定內頁，以及台灣活動限定的黃銅原子筆和紙膠帶。當然還有吊飾、束口袋等等在中目黑本店才買得到的商品，也一起漂洋過海來到台灣。未限定購買捲數的台灣款紙膠帶，堪稱以「秒殺」速度完售，活動開始不到一小時已全數售罄。

再往店內深入，其餘兩區分別是「手作區」和「實演區」。「手作區」桌面上擺設著木製收納箱，每格都裝有不同的貼紙，這些僅限活動以及參與官網投稿才能獲得的珍貴貼紙，如今這樣赤裸裸、坦蕩蕩地擺在面前，怎麼能夠控制自己的理智！另外還準備了與TF中目黑本店中最知名的「觀光景點」相同的數枚原子章，最具人氣的自然是印有「台灣」字樣，本次活動的專屬限定章。太太在活動後半進場時，貼紙已被使用一空，但展場內還剩下拼貼用的外文報紙「味紙」，機不可失，立即取用。

「實演區」將本店叫好又叫座的口碑活動「徽章製作」搬到台灣，消費滿500元即可製作一次。由日本工作人員親自帶領使用者動手作，共十五種圖案，可選擇要製成徽章或是穿過TN封面彈性繩的吊飾，挑選好圖案後，經過徽章製作器的按壓，再一一包裝，voila！即使是小禮物也如此迷人，包裝上的台灣字樣，令人看了幾乎要感動落淚。

今年下半年在爆滿的工作中，終於也寫完了第四本的TN護照本，耗費幾乎一年才寫完的Regular size黑本也終於完結（從此不敢再挑戰黑本，花在挑選適合的紙膠帶以及版面排列的時間好驚人地長，且為此購入整套Pilot Juice粉彩筆），接下來TN又將帶我們到哪裡去旅行呢？敬請拭目以待。

1

4

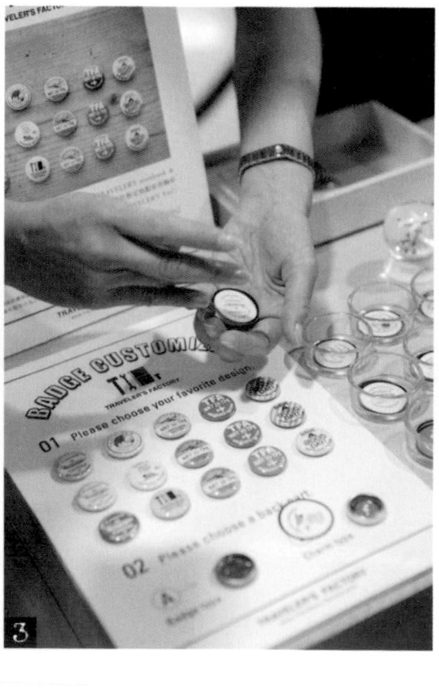

3

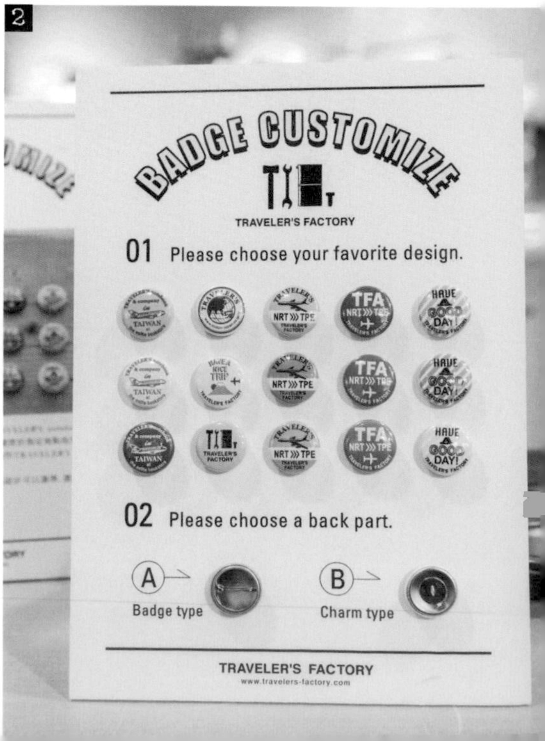

2

1 台灣活動限定的黃銅原子筆和紙膠帶。

2 3 4 共有 15 種圖案可選的徽章，讓人想要全部包下帶回家。

"Klopt, want ik hoor, zoveel zouden minder"
"De Nederland se bank is niet in de positie om
TRAVELER'S notebook

TRAVELER'S notebook
Hello! I am a TRAVELER.

貳、靈魂的呼喚（設計總監飯島淳彥專訪）

黑：歷經巴黎、首爾、香港，TRAVELER'S FACTORY（以下簡稱TF）的官方活動終於來到了台灣，舉行此次活動的目的是？

飯島：每年舉行的「明信片大賞」中，海外的優秀作品數量最多的就是來自台灣，位於中目黑的TF旗艦店也經常有許多台灣的客人來訪。其實之前就一直想在台灣舉行活動，讓使用者透過手作、實演，能夠更愉快地使用TRAVELER'S notebook（以下簡稱TN）。今年的明信片大賞也有很多來自台灣的投稿！非常感謝大家。

黑：在台中和台北兩場活動中，是否觀察到台日兩地使用者不同的地方？

飯島：和過去海外的巴黎、首爾、香港等等活動相較之下，台灣使用者可以說是和日本最相近的，或許可能是兩地的使用者表達「感性」的方式也比較像的緣故。

黑：初次和台灣的使用者面對面接觸，感想如何？

飯島：這次在活動中，遇到了很多長年使用TN的使用者，很多使用者都和TN一起度過了3、4年，也看到大家透過不同的裝飾、表現出對手帳的重視和愛，身為設計者覺得非常開心。大家都很熱情，很希望活動時間能夠更長一點，讓我們能深入地了解大家的想法。令我比較驚訝的是，這次發現除了作為旅行手帳的「拼貼」功能，也有很多使用者是把TN的頁面寫得滿滿滿，雖然中文我看不懂（笑），但是完全能夠感受到TN作為「筆記」的功能，被他們發揮得淋漓盡致。

也就是說，TN並不限於旅行手帳，只要能符合需要，無論是喜歡書寫的人、或者是喜歡拍照並想要保存照片、貼成記錄的人，都能夠與它相處得很好。看到真心喜愛並珍惜這些事物、保存自己的生命歷程的使用者，我內心非常感動。

黑：是否能談談此次與誠品書店合作的因由？

飯島：和誠品書店的合作大約是今年（2014年）春季左右決定的，至於要在哪裡舉行、活動內容為何等等細節，則一直進行到活動開始之前。Designphil和誠品書店從過去還是以「midori」為品牌名稱時就建立相當深厚的合作關係，從我過去在擔任海外營業窗口時，只要來台灣，就會想去誠品書店看看，至少已有十五年以上了吧。除了是書店之外，誠品也擔負了「文化傳播者」的角色，當然也在TN的販售和推廣上幫了我們很大的忙，因此首次在台灣舉行的活動，就決定和誠品合作了。

黑：台中與台北的會場都打造得很有TF風格，可否請教其中特別用心的地方？

飯島：這次的兩場活動，與其說是為了「販售」，更像是聚集了喜歡TN的同好們的一場同樂會，除了我們工作人員本身之外，也有很多誠品的同仁是喜歡TN、因此願意為它發揮各種創意的，包括現場的擺設和示範用的筆記內容等等，雖然我們在現場還是有點手忙腳亂（笑）但是非常感謝大家的努力，正因如此，才能很順利地進行這次的活動。

在現場聽到很多使用者表達他們對TN的愛，也希望能多在台灣舉行類似活動，我想這次的活動只是開端，希望未來也能有更多有趣的計畫，邀請大家一起來玩。就好像台灣的旅客到了中目黑，會沉醉於TF的商店風格、彷彿變成景點一般，或許日本的旅客來台，也可以期待些什麼？非常期待能夠建立這樣的聯結。

黑：今年TF在成田機場開設了分店，可否分享其間過程？

飯島：當初在設立TF時，我們在尋找建築物上就已經頗費心思，原址是舊的製紙工廠，包括選擇的家具、擺設也都以能傳達「旅人精神」為主；但是成田機場店完全不同，它是位於商場中的一家商店，如何在其中營造出值得吟味的精神，是我們花費最大精力的部分，比如設置各個國家的國名印章，雖然店面很小，但希望TN可以藉此陪著大家前往並記錄每一趟愉快的旅程。

參、骨董的質感（品牌設計師橋本美穗專訪）

黑：橋本小姐成為設計師的契機是什麼？

橋本：原本只是很喜歡手作生日禮物給朋友，因為比起用買的，手作的禮物或卡片心意完全不同。學生時代也很常幫忙布置教室，同學常常表示很驚喜，再加上念的是設計科系，找工作時很自然朝向「能讓他人驚喜」、「能親自製作物品」的方向進行，因此成為設計師。

黑：身為品牌設計師，在與台灣的使用者接觸之後，有什麼樣的感想呢？

橋本：這次活動中，深深感受到台灣使用者的熱情，活動舉辦前，原本擔心是不是大家都能來？沒想到兩天內，來場的朋友真的非常多，甚至也包括之前常到中目黑TF本店的客人，能和大家相遇，真的非常開心。觀察大家如何使用TN和它的周邊商品，特別是紙膠帶和店家名片、貼紙等等的拼貼，功力都很高深！

黑：為了台灣活動推出的兩項產品，分別是紙膠帶和黃銅原子筆的台灣特別版，底色都是黃色，有什麼特別的原因嗎？可否談談台灣款紙膠帶的設計，如何選出芒果冰、龍虎塔、小籠包這些「台灣意象」？

橋本：其實紙膠帶上的圖案，就是我自己很直觀的、想像中的台灣的模樣，「這個應該很不錯吧」，或是「我好想吃這個、好想去那裡」（笑）抱著這樣的心情，選出了包括烏魚子啦、小籠包或是芒果冰在內的圖案，來代表台灣。當初在決定要舉行活動時，就討論過要使用什麼樣的代表色，最後選擇了熱情、開朗又有精神的黃色，當然也包括出產很美味水果的印象。

黑：黃銅筆已經是TF象徵性的商品，當初為何選擇這樣的材質製作呢？

橋本：我個人非常喜歡復古（vintage）質感的物品，相較於不鏽鋼，黃銅是會隨著時間而改變的素材，像是外表的塗裝會剝落等等，就像TN的皮革一樣，隨著長時間的使用，也會轉變為完全不同的模樣。我希望的是藉由每個使用者的手自己「做出」復古的質感，而非直接購買，因此，黃銅可以說是非常具有魅力的金屬素材。

黑：配合成田機場店的開幕，今年秋季也推出了新品「1/2」，內頁減少了一半，標榜「可以一次旅行寫完一本」，記得之前飯島先生曾在部落格寫道，比起數位的媒介，像是明信片等「類比」的傳達方式更符合TN的精神，為何頁數反而減少？

橋本：我自己經常在旅行時，產生「希望把一次旅程統整在一本內頁」中的想法，現行的內頁共有64頁，比較難達到這一點。正好成田機場是「即將要出發去旅行」的場所，所以非常適合在這邊買一本內頁、蓋上你要去的目的地的印章、然後帶它去旅行，並且將旅程完全記錄在其中，當初是以這種「組合式」的發想進行製作的。

黑：TN和包括航空公司、天星小輪以及高速公路和Tokyobike腳踏車等交通工具都曾聯名合作，可以談談其中經緯以及接下來的計畫嗎？

橋本：很多聯名合作是在機緣之下促成的，比如天星小輪，是合作活動的香港Citysuper詢問我們：「你們對香港的什麼感興趣？」當時我馬上回答：「天星小輪！」當然乘坐地鐵也能到達對岸，但是坐在船隻上、聞著船上引擎散發的柴油味，欣賞維多利亞港的風光，似乎更有旅行的味道。恰巧他們和天星小輪公司有業務往來，因此完成了這次的合作。天星小輪是非常具有歷史的公司，在看過各種歷史性的圖像、深入了解之後，首先想做的就是附在手帳內頁的船票，除了帶有「如果你還沒決定去哪裡旅行，何不到香港看看？」的意味，同時也將手帳本身與實際的「旅行」結合在一起，鼓勵大家出發去旅行。

另外，在TN的明信片和透明雪花球等商品中出現的「TRAVELER'S Airline」，雖然是虛擬的航空公司，但如果能真正包下一架飛機，從機上的音樂、電影到飛機餐都是「TRAVELER'S choice」的話，感覺也非常有趣（現場眾人紛紛表示超想坐！夢幻！）！

黑：今年接下來即將推出的新商品，可以稍稍透露一些情報嗎？

橋本：希望飯島先生不會生氣（笑），黃銅系列會再有新品項，今年冬季還會有非日本的聯名商品，合作模式類似天星小輪，也會是海外的聯名系列。十月TRAVELER'S FACTORY就滿三歲了，也可能會再開設一家限定店。

黑：和飯島先生一起工作是什麼樣的感覺？

橋本：我們並沒有特別分工，常常是在談話的過程中，突然迸出靈感：「啊，像這樣做的話很不錯呢。」這一類的。總之就是把腦海中的妄想不斷擴大，在互相懷疑：「能做得到嗎？」之前，一個勁的把想做的事都講過一遍，再從中整理出可以執行的企畫。對於TF的工作人員而言，這份工作其實很像是「圓夢計畫」，就像Tokyobike的合作也是因為工作人員很喜歡品牌的腳踏車，最後促成了聯名合作的實現。

我非常喜歡泛美航空，在剛開始製作TN時，就在內頁貼上很多收集來的機票、設計感極強的LOGO圖案等等，直到今年終於有機會真正製作泛美航空的聯名商品，內心的喜悅難以筆墨形容。

飯島先生補充：我和橋本小姐兩人的合作，一是中年大叔（笑）、一是年輕女生，也意外促成了TN的平衡，如何讓像我一樣的男性使用者用起來不感到彆扭、又不會太男性化而讓女生覺得無趣，希望能夠在兩者之間取得平衡。

黑：對於橋本小姐而言，理想的旅程是什麼樣子的呢？

橋本：最好是不要計畫太多，以免行程變得像是「任務」一樣，反而造成壓力。我自己第一次去柬埔寨時，在那兒待了兩個星期左右，幾乎沒有什麼行前安排，只是很悠閒的去感受當地的氛圍、還有乘坐交通工具，坐巴士時常不知道自己究竟在哪裡、要在哪裡下車（笑），但是這種探索的感覺，也正是旅行的醍醐味，能讓旅程更有趣。

2

1

3

4

5

1 橋本小姐把護照尺寸 TN 當成旅行用錢包兼護照套，新推出的 fourruof 棉質收納袋也可放入發票。
2 TN 大多用來記錄工作內容及靈感筆記。
3 台灣啤酒的商標讓橋本小姐直呼難忘。
4 Spiral note 系列的「南國袋鼠本」，MD 用紙裝票根、蓋印最適。
5 手帳中正好記錄台灣相關 event 與商品製作的流程。

肆、歡快的使用者

1. 您所擁有的 TN？
2. TN 的魅力？
3. 最喜歡的內頁或單品

◎張先生
（TN 六年級生，40 代）

（1）黑色、咖啡色的 regular size，以及黑色的 passport size 共三本。第一次在日本文具店看到它的設計，就被深深吸引，特地從桃園到台北參加活動。（2）皮革的外皮搭配多種可替換的內頁，因為習慣貼入大量資料，很怕手帳本會越來越厚，TN 可以輕鬆替換，是旅行必備。（3）怎麼貼都不怕重的輕量紙 64 頁，以及收納用的夾鍊袋。

◎ Fishball
（TN 五年級生，30 代）

（1）除了高速公路和迷彩限定版外全數購入。第一本 TN 購於新宿的世界堂。（2）可以把所有的 idea 都加入筆記中，有各種內頁可以挑選，配置成自己喜歡的樣貌，另外就是 A4 三摺尺寸，實在太偉大了，可以順理成章地把很多旅行中拿到的傳單塞入。（3）裝咖啡豆的束口袋，用來裝筆記正好，還有泛美航空合作款的明信片，太正點了。

TRAVELER'S notebook 大事紀

2007.3
Regular size 發售。

2008
passport size 發售。

2010
東京青山初次舉行裝飾 TN 活動。

2011.10.22
TRAVELER'S FACTORY 旗艦店開幕。

2012.3
五周年紀念 Regular size 駝色封皮發售。

2012.8
Highway Edition 發售。

2013
passport size 五周年紀念天星小輪封皮發售。

2013.7
passport size Army Edition 發售。

2014.7
TRAVELER'S FACTORY 成田機場店開幕。

◎小翠

（TN 新生，20 代）

（1）咖啡色的 regular size，第一次入坑，一度在 TN 與 HOBO 日手帳之間猶豫，但因為工作忙，有時會無法天天寫手帳所以選擇了 TN。（2）因為習慣用 Kakuno 微笑鋼筆寫手帳，不透又好寫非常重要，TN 的 MD Paper 內頁完全符合需求，另外也喜歡皮革的觸感，帶出門時怕刮傷，會小心翼翼地裝進袋子保護它。（3）MD Paper 空白內頁。

Stationery
News & Shop
02

2014 mt 博 in 台北

文字・攝影 by 柑仔

注意紙膠帶有些年月的紙膠帶迷們，2012 年 mt ex 台北展期間，我們大清早冒著風雨，在誠品外頭排隊等著搶購限定款食譜、一起走著長長的隊伍，魚貫進入展場搶購驚喜包，打開包裝那刻，彷彿開獎般興奮（當然啦，開獎後的感想是另外一回事兒）、一起看手作區牆上精采的紙膠帶創作、一起撻伐把手作區當自己家的分裝魔人。這些，是我們對 mt 的共同記憶！

2014 年，脫離規模較小的 mt 海外展，規模盛大的 mt 博初次海外出航，這回，會有什麼記憶留存在我們腦海呢？

1 數十捲台灣限定款：台灣散步，整卷七公尺不重複貼滿牆面，十足壯觀。

2 牆面上流瀉而下的紙膠帶瀑布／構圖 by 檸檬。

【菸酒倉庫的大變身】

「mt博 in Taipei」展場設置在URS21（原菸酒公賣局中山配銷處），URS指的是都市再生前進基地（Urban Regeneration Station），21則是中山配銷處的門牌號碼，目前台北六個URS中，是面積最大的一個基地。

1930年到1999年，中山配銷處扮演菸酒公賣局倉庫近七十年，菸酒專賣廢止後，雖然身處熱鬧繁華的中山區，占地甚廣的空間卻從此廢置。直到2010年列入都市更新基地，並且由忠泰基金會進駐後，沉睡的舊倉庫才開始活化，而隨著這回的mt博，這一片廣闊的空間，似乎從一個靜靜佇立的旁觀者，開始跟我們的生活有了一絲關聯。

占地這麼大的場地，mt如何讓它變身呢？動員日方4人、台方6人，耗費10天時間，利用mt deco不退流行而顏色鮮豔的花樣帆布，間隔的妝點了URS21的水泥牆面，遠遠的就能抓住你的目光。玻璃上撞色的mt casa寬版紙膠帶，隨著斜照進玻璃窗的陽光，在地板上映照出有趣的線條。

佈展前後的URS21大變身！

FILE

2014 mt博 in Taipei

時間：2014/10/17~2014/11/16

地點：URS21（原中山配銷處）

主辦：誠品 × 日本mt

合辦：臺北市文化局

協辦：PROP International Corporation

【不可錯過的特色佈置】

mt展最大的特色絕對不僅在限定款紙膠帶，而是展場裡佈滿的紙膠帶應用創意。展場外貼滿了各色紙膠帶、繽紛的mini；黑暗房間裡，昏黃燈光從和紙燈籠裡透出來的美麗光球；或是負責接駁，但也不忘用紙膠帶妝點得可愛得不得了的mt bus；因為海外展本身場地的限制及運送困難，這些往往只有在日本本地展才看得見。也因此，到日本看mt展／mt博／mt工場見學，是紙膠帶迷們的美好夢想。

這個夢，今年在台灣也許可以稍稍得到安慰，進到2014 mt博展場，廣場上兩台mini小車，車牌標示著……倉敷？莫要懷疑，這款粉紅格紋的mini就是從日本渡海而來的日本原汁小車。而另一台英倫風小車，是展覽開始前由mt創意總監居山浩二先生親手裝飾拼貼的。搭配上整個展場由mt CASA妝點的地板、玻璃窗、圓凳、牆面，跳脫了紙膠帶原本只能小規模在紙本上裝飾的「文具」取向，成了讓生活變得更繽紛的居家生活用品。

廣場相當適合野餐／圖片 by 檸檬

台灣限定款十款組合，限量500組。

現場提供的提籃上貼滿了令人心癢的限定款，中間提籃上包含了扭蛋款「木之實」和奈良限定款「ラテアート」。

藝術家吳芊頤的紙膠帶拼貼創作。

登上二樓，左側 mt shop 牆面上的壓克力板上，貼著從 2008 到 2014 的歷年作品，看著好些無緣得見、早期展覽中的夢幻逸品，讓人不停壓抑把整塊板子搬回家的衝動。右側牆面是每回 mt 展牆面上最迷人的風景，一一拉開的捲軸，把紙膠帶之美展露無遺。角落裡日方工作人員不停操作著縮小版的切斷機和捲替機，聽著機器運轉的聲音，能在這兒知道紙膠帶的製程，讓紙膠帶迷如柑仔我感動萬分！

另一側「日式天燈房」裡高低錯落，共 106 顆的和紙天燈，不同於以往燈籠的造型，融入了台灣風味，透過和紙照射出來的溫柔光線，仿如夢境，讓人感動不已，這 106 顆天燈在日本組裝完成後，未經任何壓縮直接裝箱海運來台，其中耗費的成本和精神不言而喻。更往內側的「夜光之房」裡，貼滿可蓄光的夜光款，熄燈之後的點點繁星，奇異而美麗。

切割機打出光線，利用光點對齊進行切割。

將膠帶貼齊在小捲軸，設定長度便可進行捲替。

切割下來的「客訂裁切款」切面平整。

荻原奈美老師說明設計概念和她美麗的拼貼作品。

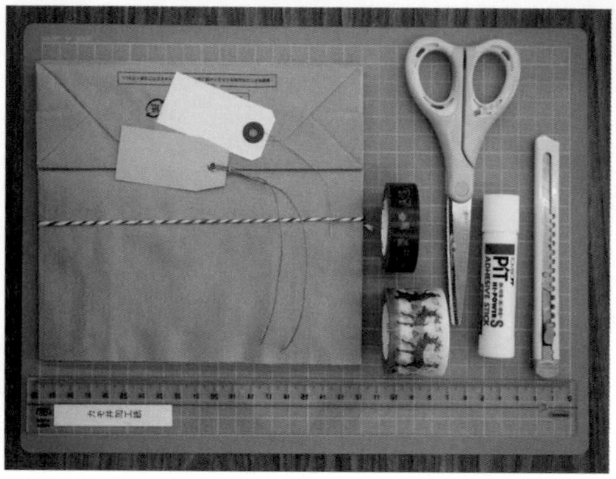

柑仔拙作。

【輕鬆自在創意爆發的工作坊】

「mt 博 in Taipei」舉辦了四場次的工作坊，邀請拼貼藝術家荻原奈美擔任講師。如果你對荻原老師的名字不太熟悉，請聽聽這段小故事：**Kamoi（鴨川加工紙公司）在製造工業用紙膠帶的期間，有三名手作女性藝術家提出到工廠參觀的要求，並且提議開發不同色系的紙膠帶，將工業用紙膠帶擴展到日常生活的使用，這是咱們家中必有的20色素色紙膠帶的起源。從素色出發，2008 年到現在，mt發展出了數百種不同的花色圖樣，讓我們深深著迷。**

這段故事和荻原老師有什麼關係呢？是的，她正是一開始參觀工廠的三位藝術家之一，mt在文具雜貨方面的蓬勃發展，在最初的最初，荻原老師可是重要的契機之一呢！

工作坊報名狀況十分激烈，報名表單公布後沒幾分鐘全數額滿，快手柑幸運搶到了名額，課堂上利用紙膠帶和老師遠道帶來的迷人紙類素材做裁剪拼貼，作品從旅行風、少女風、美麗的大花到阿柑的獵奇風，拼貼的過程相當愉快，感謝荻原老師對柑仔的盛讚，燃起了心中的拼貼魂！

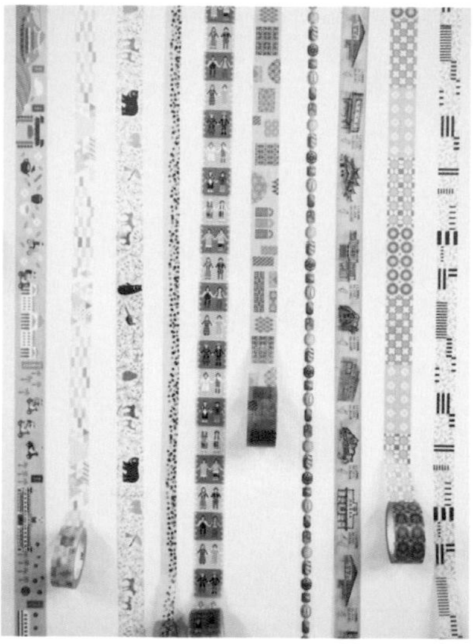

十款台灣限定款，左至右：台灣散步、野餐花樣、台灣稀有動物、珍珠奶茶、台灣原住民、台灣窗花、琉璃彩玉、台灣舊戲院、台灣老磁磚和老屋綠地。

【mt設計總監居山先生紙上專訪】

居山浩二先生擔任mt的設計總監已有六年時間，帶領底下五人團隊進行mt花樣的設計，以下是和居山先生對這次「mt博 in Taipei」的對談，感謝居山先生言無不盡的回答！

柑：台灣限定款的設計，讓粉絲們相當驚豔，請問您是否有先到台灣進行取材呢？

居山：到台灣勘查會場時，有和在地的工作人員見面，得到了很多靈感，從網路和書上也得到很多想法來設計紙膠帶的花樣，能認識台灣的文化和歷史，覺得非常有趣。

柑：這次設計中，窗花、舊戲院、老屋、老磁磚等復古設計，正是台灣近來很流行的元素，請問是從那兒發想的呢？

居山：我完全不知道這是很受歡迎的要素，但因為這些設計跨越了時代，非常具有魅力，所以無論如何都想加入設計中。

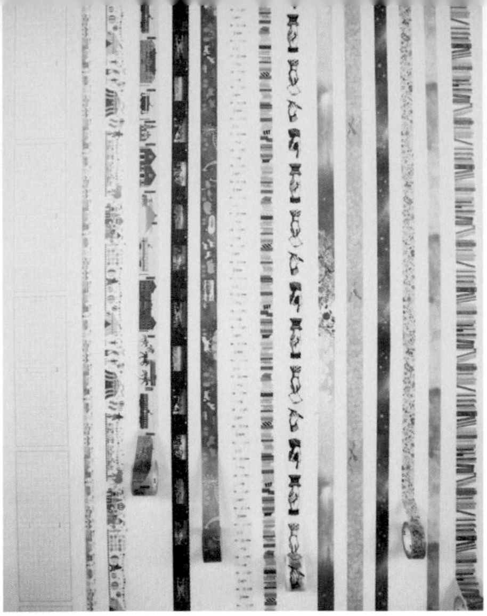

15 款復刻款，最左側原稿用紙注目中！

柑：這次的設計中出現了珍珠奶茶，您愛喝珍珠奶茶嗎？

居山：非常喜歡！有推薦的店請告訴我！

柑：這次mt博15款的復刻中，您最喜歡的是哪一款？

居山：這是個很困難的問題，因為每一個設計都很喜歡，但如果一定要選的話，就是「原稿用紙」吧，因為這是在製作各式紙膠帶時的初期作品，現在仍然有人要求復刻讓人感到很高興。

柑：那麼有沒有台灣的朋友很支持，但出乎您意料的呢？

居山：如果只限復刻版的話，我對「千姿烏賊」受到歡迎感到蠻意外的，因為它並不是非常華麗，也不是立刻就能看出烏賊的花樣。

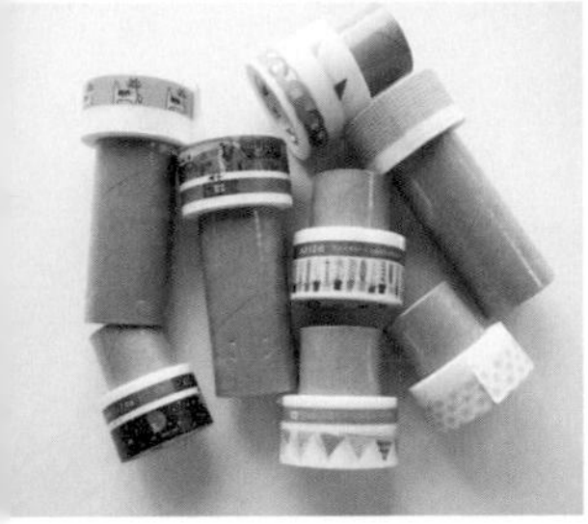

滿額一把抓的小耳朵，意指裁切後的膠帶頭，裁切五六十捲紙膠帶後只會有兩捲小耳朵，其上可能有出產年、品名及對版標記，是紙膠帶迷心中的夢幻逸品。

柑：針對這次mt博的現場佈置，有什麼地方是不可錯過的精采之處？

居山：會場的外觀，販賣處的布置和展示等，全部很推薦！期待在臺北見到大家！

走在URS21草地旁貼滿mt CASA的階梯，腳下傳來踩破氣泡的聲音，為了讓mt CASA平坦的貼覆，原本的水泥地面先用大幅的膠布做了一層保護，再密密的貼上mt CASA；「日式天燈之房」即使光線微弱，四周的牆面依舊仔細的用黑白兩色紙膠帶裝飾；相較於單純的買賣，在mt博的展場裡，看到的是呈現繽紛外表下的細微用心和紙膠帶激發出的無限可能，能夠在台灣感受到這樣的氣氛，我感到很幸福，期待下回相見！

緊張刺激的扭蛋款讓人又愛又恨。

黑白默片中的繽紛驚喜

大阪農林會館

Stationery News & Shop 03

文字・攝影 by 毛球仙貝

如同德國作家麥克安迪（Michael Ende）筆下，《説不完故事》中的千門殿，或是荷蘭畫家艾雪（Maurits Cornelis Escher）畫作中多層、多門的詭異建築，每當推開一扇小門，門後就有一個意想不到的魔幻世界。而在「大阪農林會館」這棟五層樓的舊商社建築中，每一層的長廊兩側，一扇扇小門背後，也都隱藏了文具控與雜貨迷們流連忘返的小驚喜！你已經做好探險的準備了嗎？

平成年代流動的昭和空氣

在大阪心齋橋的巷弄內，有一棟具沉穩氣息的歐式近代建築，用厚重的木門隔開喧雜的21世紀。內裡繞著四方轉折的磨石子樓梯、黑白分明的棋盤式地磚，加上舊式電梯與時計大鐘，空氣彷彿靜靜停留在黑白默片中的昭和24年（1949年），這裡就是「大阪農林會館」。

這棟建築物在1930年完工，原本是三菱商事的大阪分部，1949年之後轉讓給日本農林水產省。近年因為「活化舊建築」之故，轉作為小型的創意市集與特色小店。雖然邁入了平成年代，但會館整體的空間氛圍，還是流動著昭和初期的懷舊質感。不過館方的心思也十分細膩，在轉角處、圍牆邊，不忘定期更換一些與季節搭配的綠色植栽，看著小黃花與小白花的元氣伸展，讓略顯厚重的歷史感也跟著活潑了起來。

1

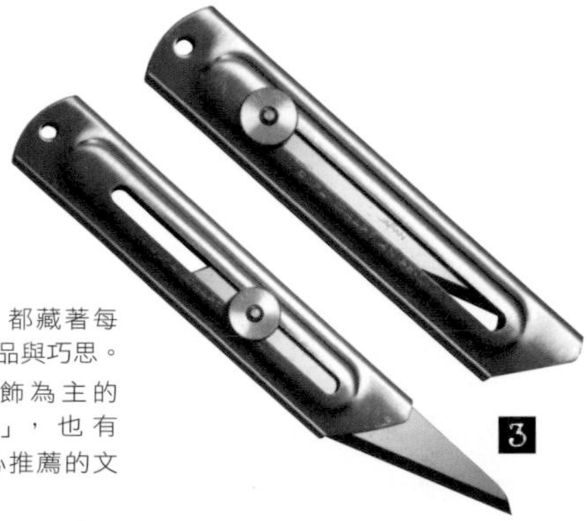

3

1 每一扇小門後，都藏著每位店主特有的選品與巧思。

2 以男性潮流服飾為主的「walls&bridge」，也有少部分店主私心推薦的文具用品。

3 很有個性的不鏽鋼刀片，不但外型簡潔俐落，搭配上螺絲起子的設計，更令人驚豔。

2

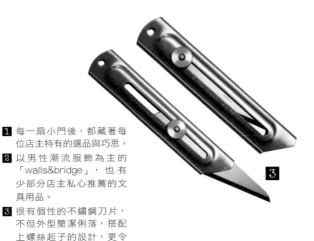

如開禮物般的漫遊樂趣

來這兒的旅客，一般有兩種逛法，第一種是先搭著電梯到頂樓，再沿著一層層的往下逛；而另一種則是一層層的往上爬，最後再搭電梯下一樓。但不論你選擇哪一種逛法，在B1都有美味的小點心鋪，可以慰勞遊客們疲倦的雙腳。而因為是長形的建築物，所以這裡的每一層樓都有中央長廊，沿著長廊兩邊，則是一間間的小房門，有些門毫無顧忌的敞開，有些則關上或半掩著。每一個房間，都是獨具特色的風格小店，從手作雜貨、流行服飾、古董道具器皿，甚至是髮型沙龍等不一而足。恣意漫遊其中，彷彿有一種開禮物般，充滿未知的期待感。而每一家店面，除了門牌與店門口的介紹海報或DM架外，在店裡空間的布置更可說是各具巧思，充滿店主的個人喜好與特色。

例如位在二樓，以男性潮流服飾為主的「walls&bridge」，就有少部分店主自己私心推薦的文具用品，如「TSUBAME」的筆記本，內頁的紙材除了流暢好書寫之外，還號稱能保存一萬年之久；或是超帥氣的不鏽鋼刀片，流利的外型，搭配螺絲起子的設計，簡潔又俐落，都是店主的心頭好。這些文具迷的小驚喜，大都可以在每一扇門的後面慢慢挖掘。

1 黑白分明的棋盤式地磚，加上舊式電梯與時計大鐘，空氣彷彿靜靜停留在黑白默片中的昭和年代。

2 3 位在四樓的「flannagan」雖然坪數不大，但各類文具都相當齊全，可說是文具迷的小聖堂。

DATE

地址：大阪市中央 南船場 3-2-6

網址：http://www.osaka-norin.com/index.html

樓層介紹：http://www.osaka-norin.com/tenant/index.html

交通資訊：

地下鐵 御堂筋線「心齋橋」站出口①，步行約 5 分鐘

地下鐵 堺筋線「長堀橋」站出口②，步行約 5 分鐘

地下鐵鶴見 地線「心齋橋」站出口②，步行約 5 分鐘

OUVERT
CHOCOLAT
DELESPAUL-HAVEZ
GRINGOIRE
Calligraphy Set
2

POSTES
3

文具迷的小聖堂「flannagan」

位於會館四樓的店家「flannagan」，從2001年就開始營業，已經有十餘年的歷史，更可說是文具迷的小聖堂。不算大的空間坪數裡，除了設計師創作的個性背包之外，還有建築、裝潢類等外文書，並且店內各類文具齊全，又以筆類和筆記本為最大宗。不但有一般常見的自動筆、簽字筆，還有建築專業人士所使用附有水平儀的原子筆等。

而深受藝術家所喜愛的法國RHODIA筆記本，曾有人這樣形容過它：「無論再難寫的筆，遇到RHODIA都會變得順暢。」這滑順的筆觸、易撕的上掀式設計、特色格子內頁，只要親身體驗過，很難不成為它的愛用者，更是店內的熱門商品之一。

易撕的上掀式設計、特色格子內頁，只要親身體驗過，很難不成為它的愛用者。

在今年，具有大阪指標性意義的固力果先生巨型看板，堂堂跑過80多年歲月，第五代正準備要進場維修，交棒給第六代。我們姑且不論一張筆記本的紙頁，是否真能保存萬年。但至少可以想像的是，「大阪農林會館」從1935年第一代固力果先生開始奔跑至今，便見證著時光的奔流，如同默片的黑白背景裡，彩色人物正一代代精彩上演。

about 毛球仙貝

生活道具與文具雜貨的偏食症患者，長期被「日常美的生活模式」所召喚。當漫遊者的經歷，比當旅遊者更豐富；當讀者的經歷也比當編輯更豐富。
目前正在進行「滲透日本」計畫。

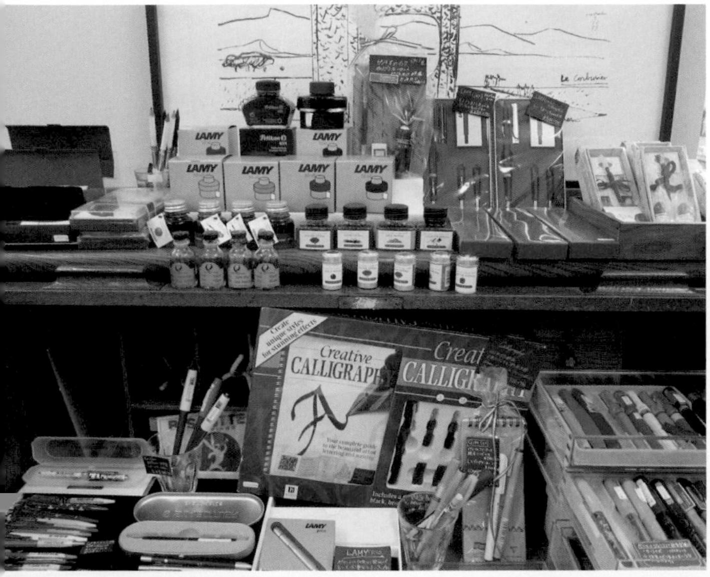

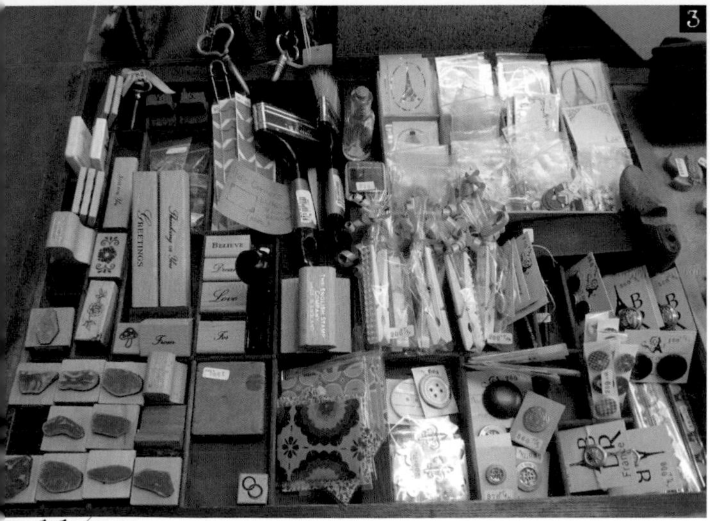

1 2 「flannagan」以筆類和筆記本為最大宗。不但有一般常見的自動筆、簽字筆，還有建築專業人士所使用附有水平儀的原子筆等。

3 來自歐洲的印章、貼紙、鈕釦等雜貨，也是相當具有人氣。

吹過九州火山口的凜冽北風，
再一次給你溫柔的衝擊！

Stationery News & Shop

04

キタカゼポンチ KITAKAZEPUNCH

阿蘇・北風商店

文字 ・ 攝影 by 毛球仙貝

「キタカゼポンチ（KITAKAZEPUNCH）」是個以插畫、印章、小木雕為主要創作素材的個人特色品牌，而臉頰紅通通的小人偶們，正是這個品牌的主要形象。近年來，他們更把創作延伸到文具、服飾、版畫製品與雜貨等周邊上，其樸拙、充滿自然童趣的風格，深受日本文具迷的喜愛。

1 「キタカゼポンチ（KITAKAZEPUNCH）」位於「洋裁女子學校」後方，是間很容易一不小心就被錯過的小店。

2 被北風吹拂過的紅通通臉頰是「キタカゼポンチ（KITAKAZEPUNCH）」的形象 LOGO。

3 品牌創辦人市原辰昭。

「北風商店」具現化

「キタカゼポンチ（KITAKAZEPUNCH）」就字面上的解釋來看，是指北風的衝擊；但當初創作者取這個品牌名稱，純粹只是因為這兩個字眼念起來，有一種獨特的聲韻感，於是索性就拿來當成品牌的名字。並且也因為這個字面上的意義，發展成為這個品牌形象的主要象徵——被北風吹拂過的紅通通臉頰。

剛開始，「KITAKAZEPUNCH」主要活躍在日本九州地區各大都市的個性文具、雜貨店家陳列架上，並且常在這些店裡巡迴舉辦特色作品展。後來除了把觸角延伸到山口縣以及東京的一級戰區西荻窪之外，品牌創辦人市原辰昭還開設了網路型態的「北風商店」。直到這兩年，才又在九州熊本縣阿蘇市的舊洋裁女子學校校舍舊址中，把「北風商店」實體化，成為「北風」目前的落腳處。

阿蘇舊洋裁女子學校

位在阿蘇神社附近的「洋裁女子學校」目前已經廢校，而自1902年即已設立的舊校園，重新開放給店家進駐，包括手作雜貨鋪、咖啡館等，為木造老式建築注入了新的活力，也和神社一起成為造訪阿蘇市時，不能錯過的旅人駐足點。

「北風商店」正位在舊校園裡，從主校舍（現為複合雜貨鋪「ETU」與咖啡館「Tien Tien Cafe」）後方的一處林子前，就可看見「北風商店」白色的木造小屋搭配著藍窗格的玻璃木門。在通往小屋的石徑旁會擺著一塊小黑板，除了寫著今天的日期與星期外，還會有「北風」手繪風格的漫畫與句子，例如「那個人認真起來好好笑喔！」、「A：『我是屬於買了東西，也捨不得拿出來使用的人』B：『東西不是就是為了要用，才買的嗎？』等」，十分具有生活的溫馨感。

已經廢校的「洋裁女子學校」，目前開放給各類店家進駐，成了阿蘇神社的人氣景點之一。

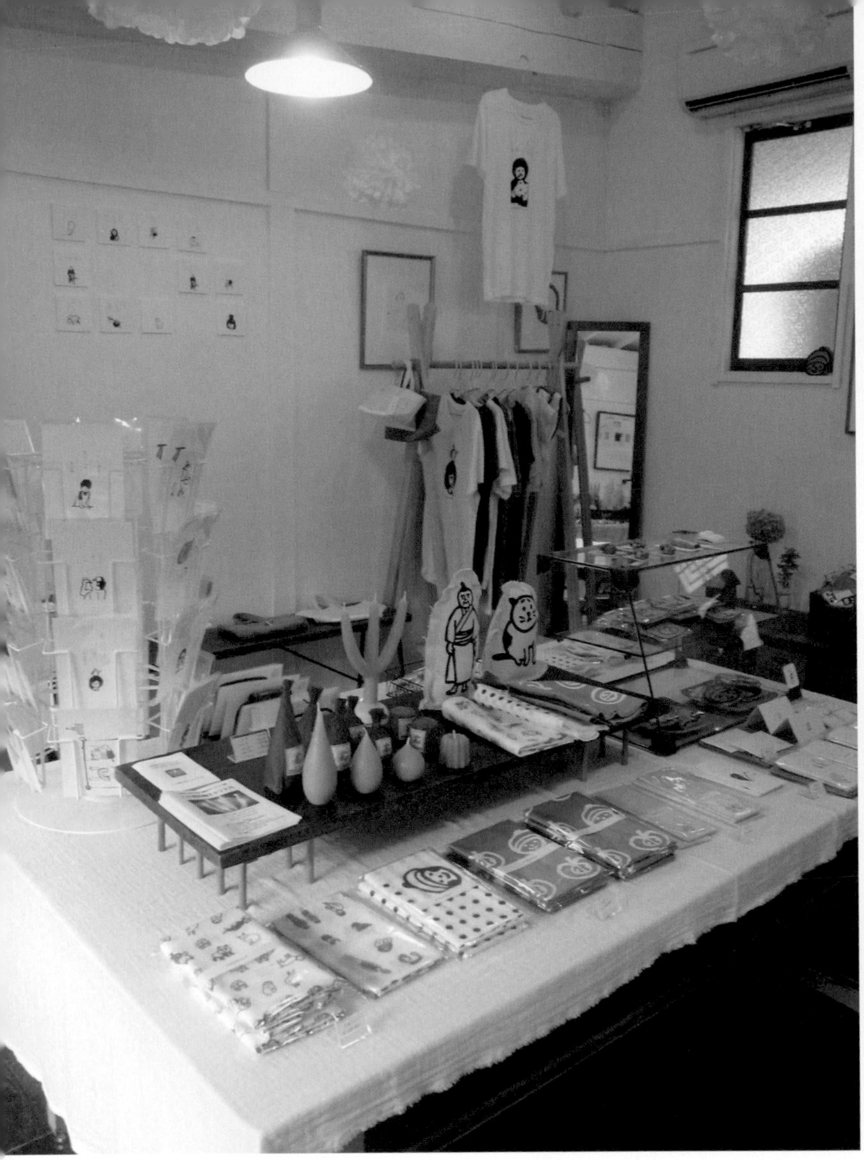

這系列附有木雕人偶的「人形印章」，無論在印蓋時或陳
放在桌上，都相當吸睛呢！

「北風商店」的紅通通臉頰

店內清爽簡潔的擺設，雖然是小空間，但卻沒有侷促的緊迫感。每一個層架與平台上，都可以看見「北風」的印記：紅通通的臉頰。從窗台上的木製小偶、中央長桌上的板畫明信片、帶有俏皮圖案的信封、人形圖像印章，都宛如日本知名攝影師川島小鳥鏡頭下的「未來小妹」，不論北風怎麼吹、風雪有多大，還是要努力的吃，用力的玩！也讓被平日繁忙生活所煎熬的人們，在這些紅通通的臉頰前，又重新充滿活力與能量。而且如

果你願意等待，只要花上一、兩個月的時間，還能訂做一個屬於自己的印章，不論拿來藏書或裝飾手帳，都是絕無僅有的私人珍品！

由於「北風」的創作以插畫、版畫為主，所以店內所延伸出的紙類商品也特別精彩，如同門口的黑板一樣，一個句子、幾筆表情線條，就能讓人會心一笑。連店裡的手工餅乾，也都用巧克力醬勾勒出不同的圖案，每次去都能有不同的驚喜，也常讓客人捨不得吃掉它。再加上創作者對動物們也有特別的偏好，所以從北極熊、貓頭鷹、烏鴉、兔子和貓，都充滿了「北風」的特色，甚至連熊本名物くまモン（熊本熊），也被「北風」的版畫明信片偷偷綁架給幽了一默。

如果改天有機會參拜阿蘇神社，或是去阿蘇火山看壯麗的火山口風景，下山後別忘了來「舊洋裁女子學校」裡走走，感受一下北風吹拂火山口之後，在心底所留下的溫暖衝擊印記吧！

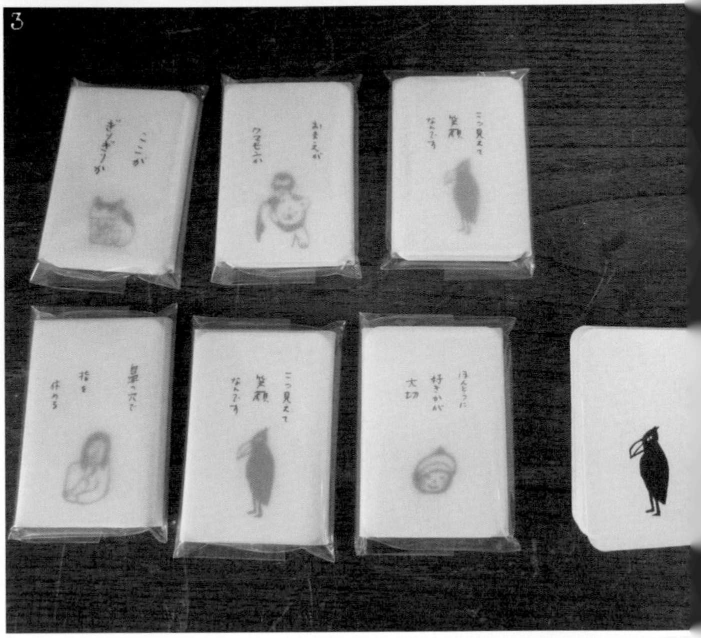

DATE

地址：熊本縣阿蘇市一の宮町 宮地 3204
電話：0967-67-2338
營業時間：11：00 ~ 18：00
定休日：每週三、四
網址：http://www.kitakazepunch.com/

1 如果你願意等待，只要花上一兩個月的時間，就能訂做一個屬於自己的姓名印章。
2 各種動物造型的小信封和留言小卡。
3 只有版畫圖案沒有文字的小紙卡，可讓使用者自由發揮創意，加上與情境相互呼應的趣味文字。
4 「キタカゼポンチ（KITAKAZEPUNCH）」的手作小木雕，是店內的人氣商品喔！

HURRA! POP-UP
ontemporary Danish Art and Design
ovember 22 - December 30 JANUARY 30 - 2014 FEBRUARY 28, 2014
rance around the corner through the alley

Stationery News & Shop

05

原汁原味的丹麥設計小鋪

HURRA ！
POP UP store

文字 · 攝影 by Kin

懶洋洋的午後，儼然已成為我在洛杉磯的後花園一樣，我又再度啟程出發前往 Abbey Kinnot Blvd。慵懶的陽光一如往常的灑在行人的肩上。街上的氛圍還是一樣不變的輕鬆。就在我還在物色新店家時，一個白白的，不知名的物體就這樣飄進了我的眼角，簡單的設計，卻有著不容忽視的存在感，也讓我不自覺的跟著指示牌進入了店內。

跟著指示牌，繞到建築物後頭的時，不知為什麼有著無比興奮的感覺，可能是因為從來沒有從後門進入店家的經驗吧！從一個小小的店門，也是唯一的進出口進入店內，空間感瞬間放大。讓人眼睛為之一亮。整體以白色統一了店內的色調，更用微黃的燈光，營造店內的氣氛。

一進門的亮點除了舒爽的空間感外，牆上的不規則擺飾更是完整地表達了店家概念。不同於一般店家，HURRA! 以展覽的概念來作經營的主軸。由平面設計師以及音樂家所創辦的 HURRA! 是一間具有時效限制的店家，更只專注於丹麥設計。不但帶入丹麥插畫家的作品，更將丹麥的精簡設計一併帶入。而 HURRA! 的主人為了發掘新商品，時常特地從洛杉磯飛往丹麥，聯絡設計師跟藝術家。希望帶給大家不同的丹麥印象。

不同於對街 HUSET 的北歐風家居品，HURRA! 試著將藝術結合生活。雖然店內空間也是大致分為商品區以及藝廊區，大量的插畫藝術作品穿插在空間中，不知為何讓空間多了一種跳躍感以及生命力。讓整體空間多了一點藝術感，也多了一份新鮮。近看著插畫時，更能讓人少了在傳統畫廊之中的拘束感。或許也是因為這樣，可以讓人們更加貼近插畫家的巧思跟意境。

在 HURRA! 引進的插畫家作品中，其中一名 My Buemann 是我的最愛。簡單、明瞭、乾淨畫面中的張力，讓人感受到城市人們的壓抑、孤獨感。而 My Buemann 用著逗趣的手法來舒壓了這即將爆發的都會壓力鍋。

about Kin

從台北到洛杉磯， 愛玩的習性不變，一有時間就往外跑。不停追求著擁有豐富色彩的事物。略懂設計，雜貨，手工藝與藝術，目前正在努力將自己丟入藝術這個大池塘中。

除了插畫類的展覽外，HURRA! 同時也展示了線材藝術家的作品，就照片中的藝術品。一個三度空間，由纖細的線材一肩撐起。具有微淡顏色的的線材，在這紙板與紙板僅有的空間中相互交錯著。讓我一直屏息著觀看他，深怕一個重一點的呼吸就把微妙的平衡給破壞掉一般。

而在商品區的中島陳列桌上，更有著一大區的可愛的陶瓷雜貨。這款商品名為 Ghost，但可不是可怕的鬼魂之意。這系列商品取經於日本神話，日本人相信萬物皆有靈魂，而這概念深深吸引著設計師 Louise Gaarmann 以及 Anders Arhøj。於是他們以陶瓷的方式將心中的萬物之靈呈現出來。這些 Ghost 是散落在店內的各個角落之中。而引我進入 HURRA! 的也是這個可愛的 Ghost 呢。

1 可置於腳踏車頭前方的鐵製置物籃。

2 可任意變化的掛衣架。

3 隔開商品區與藝廊區的中央陳列架，有著許多有趣包裝的設計書籍。

4 展覽空間。

DATE

網址：www.hurra-hurra.com

5 盯著街道上人來人往的 Ghost。
6 位於商品區的設計工藝雜貨。
7 包款服飾區。

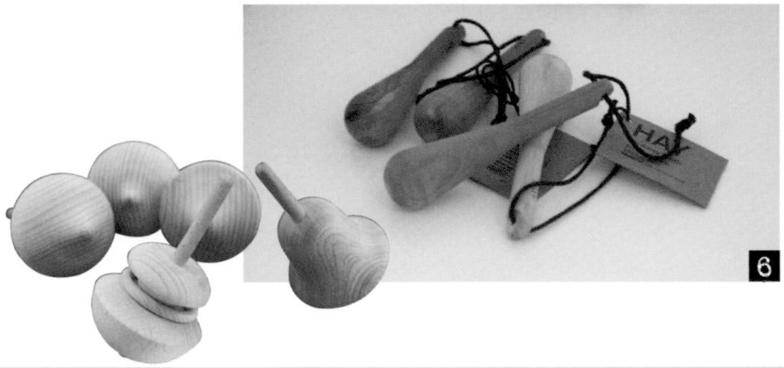

6

5

7

HURRA! 所引進的商品從服飾、編織品到文具小物等，種類繁多。但因為空間配置得宜，以及特有的開闊感，不會感到擁擠，反而更能讓人在店內流連忘返。

喜歡 HURRA! 嗎？是否已覺得以後沒有機會再看到他的實體店鋪了呢？別擔心，這次的 POP UP 店鋪，只是 HURRA! 的一個期限性的實驗計劃。可以說有著試水溫的感覺，之後 HURRA! 會在找尋更適合的地點，開啟他們真正的實體店鋪，帶給大家更多來自於丹麥的驚喜！

Stationery News & Shop 06

坐落於日落大道上的復古設計店家

Reform School

文字 · 攝影 by Kin

逛完了位於Abbot Kinnot Blvd的北歐風店家，現在就讓我們將腳步轉向洛杉磯的另一個知名景點，Sunset Blvd，日落大道。因為充斥著次文化元素，自古以來，Sunset Blvd就是各大電影場景的熱門選項。在街上行走時也不難看到佔據著一整個大牆面的塗鴉，以及許多穿著嘻哈，嬉皮，甚或是龐克的年輕人們穿梭在各家小店中。在Sunset Blvd的其中一小段路上，更是有著許多復古的，新創的咖啡廳，設計服飾店，以及生活雜貨店等。Reform School即為其中一家極具特色的雜貨設計店家。

1

2

1 Reform School 的入口處。
2 Reform School 的標示牌。
3 4 5 安靜地占據在店內一角的櫃子以及桌子們。
6 進行到一半的編織手環以及手環編織器。逗趣的是，旁邊搭配的商品竟然是剪刀。

5

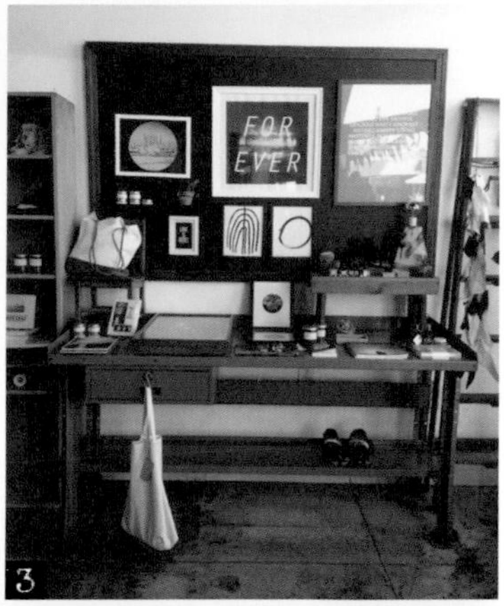

3

4

6

在店外觀看時，看到店內裝飾以木頭為主，還以為 **Reform School** 的商品應該是二手商品居多，頓時還有點猶豫是否要進入店內，但因為實在是壓不下好奇心。我還是推開了大門。果然，有進來是對的。店內的擺設實在太有趣，一下子就啟動了我的挖寶開關啊！

身為傢俱愛好者的我，尤其是櫃子跟椅子更是我的最愛。一進到店內，就看到大量的復古櫃子沿著牆壁的四周擴散著。而在店中央的桌子，以特有的存在感吸引著我的目光。每一個櫃子跟桌子都並非只是老實的作為商品的陳列架，而是以一種充滿著故事性的方式，安靜地佔據在自己的位置上。讓店內的生活感大大增加。也讓你對店內商品感到無比的興趣。

Reform School 的陳列能力相當的厲害。當你細地把玩著小雜物時，就會發現到附近會有一些未完成的小物，讓你會非常手癢的想要將它完成。就這樣，她們安插了許多不同的小驚喜在店內的各個角落，讓顧客與商品，店家產生互動。

當你抬頭時，才會發現到大家都在觀察著桌上擺設的小機關。明明就是一間非常安靜的店，但卻有著上千百種的對話在交談著的感覺一樣。對我來說是非常新鮮的一種逛街體驗。

來到了純正的美國雜貨店，裡面絕對會有一樣商品是不可或缺的，那就是「萬用卡片」！萬用卡片可說是每一家雜貨店裡都會有的商品。當然除了卡片公司所設計的卡片之外，另一個來源即是設計師、插畫家所自製的手工卡片。就像之前在Unique LA Market中所介紹的卡片設計一樣，有些卡片的標語也是相當有趣。除了每家必備的卡片區之外，還有著工藝感十足的家居飾品雜貨、木製傢俱等，也是占據了店內的一大塊地區。而散落在各個桌上的書籍們，也因為擺設的太過莫名，也讓我手癢的一再翻閱。

1 由數十個抽屜鎖組合而成的櫃子。不但適合拿來作為展示，更説明了卡片所擁有的紀念性質。

2 整片的卡片牆。

3 桌上的一小角卡片區。

4 非常莫名的，具有衝突性的陳列。

就在我已經覺得挖寶挖到心滿意足時，再往店的內部鑽去，恩！我想我今天應該是離不開這家店了，因為在店內底部的是加州鮮少出現的無印良品風格服飾！

雖然只是小小一部分，但已足夠讓我為之瘋狂啊！結果我還真的在 Reform School 裡待了將近兩個小時！我想是破了我自己的記錄了！但是，各位同志們！尋寶尚未結束！因為這家店實在太令人嚮往了，所以我一回到家，馬上就搜尋他們的網站。不得不說，網站做得實在也是很好啊！從實體店鋪到線上店鋪，都充滿著濃濃的故事感。讓人好像掉入回憶漩渦一般，久久無法忘懷。

Reform School 看來不止重新定義了學校，也讓我對美式雜貨店重新定義了一遍。

1 工藝家所精心製作的手工傢俱。
2 難得看到自然樸素風格的服飾，以及相當適合層架的小版插畫。
3 我想它應該是瑞士小刀。
4 這個多稜角的眼鏡可說是我的最愛！

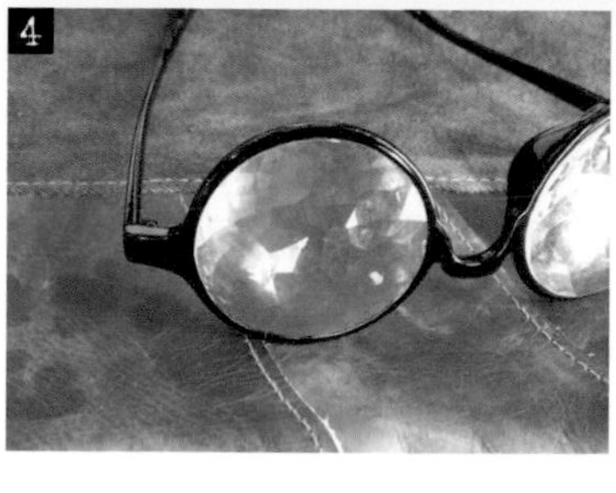

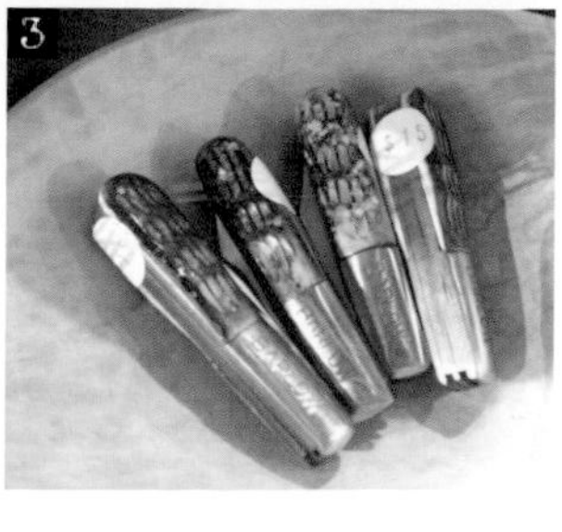

DATE

地址：3902 Sunset Blvd., Los Angeles, CA 90029
網址：www.reformschoolrules.com
營業時間：Monday - Friday 11：00～19：00
aturday - Sunday 10：00～19：00

1

紐約之大城小店

Greenwich Letterpress

文字 · 攝影 by Cavi

一棵棵青蔥的大樹種在馬路兩旁，陽光將樹葉影子灑落在路人身上。

平日急速的步伐也悠然放慢，心情變得平靜，在此的時間彷彿被調慢了。這是位於Manhattan 西部的Greenwich Village是我在紐約最喜歡的小區之一。這個「很不紐約」的紐約小區。

每次來到Greenwich Village，總會去探訪一家文具雜貨小店「Greenwich Letterpress」靜靜地逗留一陣子。店內員工不多，他們都在旁邊的印刷室工作，所以我可以一個人自在地仔細的欣賞每件產品。

雖說是一件很悠閒寫意的事情，但是其實每次也會感到不好意思。因為大多時間，我都只是用眼睛在購物哦！

1 「在 Google 搜尋，你是不會產生任何結果。」設計幽默的卡片。
2 除了客製作品，店內也販售各式心意卡。
3 各式邀請函設計樣本，提供客人挑選。
4 「Greenwich Letterpress」，到紐約立逛的愛店之一。

Letterpress（活版印刷）

活版印刷，在中國是一門擁有悠久歷史的印刷技術。而我的理解是，Letter＝書信、紙品、Press＝按壓力。那就是說以按壓方式，把凸版的圖案印在紙品上的一種印刷技術。可是，我對歷史並沒有太多了解，所以只好以這個最簡單直接的解說來認識它。

歷史悠久的 Letterpress 技術沒有被五光十色的紐約市淘汰。相反，很多人都喜歡以這個方式來量身訂製各種獨一無二的邀請賀卡。在紐約，繁複的印刷過程絕不是一種過時的技術，而製造出來的印刷品更是一份既可貴又傳意的禮物。這也就是「Greenwich Letterpress」其中一個希望向客人傳達的意念。兩位店主 Amy 和 Beth 都希望給予客人最好品質和有意思的作品。所以在製作過程中，她們不但堅持只以 Letterpress 來印刷所有的出版品，還只選用再生紙和風力發電等再生能源，以行動把這份對地球特別的心意傳遞給每位客人。

小店中木牆上的一角，貼滿了一張張邀請函的設計樣本。客人可以靜靜的坐在高凳上，細心翻閱、挑選，然後直接與設計師討論和訂製個人化的 letterpress 產品。我並沒有特別要訂製的賀卡，但是作品精緻的程度和用心的設計卻令我愛不釋手。我就像暢遊在設計的書籍裡，很多有趣的靈感瞬間湧現；又像是置身於每張賀卡的故事中，真摯感受一份份不同的喜悅。

除了客製化紙品服務，店內還有零售多款不同用途的心意卡。設計風格十分幽默，也有些以大膽、不留餘地說殘酷的實話作為創作點子。這麼誠實的設計往往令人哭笑不得。

雖然這兒的心意卡並沒有內建音樂播放功能及花俏的加工襯托，但憑著率直和單純的設計就已足夠喚起消費者內心的共鳴、觸動人心。所以我很喜歡它們簡單幽默的設計風格，可會是份「別有用心」的伴手禮啊！

沒有時限的心意

除了時節賀卡，這裡還有很多其他用途的卡款可以選擇。例如在平常日子裡，也可以送心意卡給別人，隨心就好了！寄送賀卡不只是在節日時的問候，在卡片上寫幾句溫暖的話語，然後填上簽名和日期來完成整個動作。這就是個表達關懷的舉動。「心意」並沒有時間限制，如果你有一大堆美麗而又用不著的心意卡，不妨現在就寫一句：「你好嗎？沒什麼，只想問候一下。」，然後送給家人或朋友吧！相信這份小小的心意，能為他們的生活添上一份既窩心又溫暖的喜悅。店裡販售的卡片每張售價約是4至6美元，雖說不便宜，但是若以「一杯咖啡的價錢」給予朋友或家人一份驚喜的話，那絕對是Sweet Deal啊！

1 水果形狀的便利貼。
2 3 百買不厭的筆記簿。
4 5 店內也有售賣其他文具逸品，風格也是簡約幽默。

說不出口的話，便寫下來吧！

小時候，在母親節和父親節裡，親手製作心意卡必定是每位小朋友的指定動作。然而，當時的我們又是否明白背後的真正意義呢？所以最後我決定要大手砸下5美元，買了一張生日卡，寫了些心話來送給媽媽。現在對我來說，心意卡是個讓人與人互相了解的工具，用來傳達平日開不了口的話語！

4

5

about cavi

大學主修廣告設計，因此滿腦子都擠滿了奇怪的點子。然而，我知道自己並沒有愛上廣告，卻迷戀上設計。
畢業後成為了平面設計師，但不甘每天只困在冰冷的辨工室內度日如年，於是一年後在香港長大的我選擇了離開，一個人去紐約生活。
作夢和吃東西是我人生中最快樂的事。有點兒懶惰，不善於寫作，更不熱衷攝影，一心只想簡單真實的與別人分享快樂。喜歡旅行，卻不想做遊客。希望以生活的方式去漫遊世界。

部落格：cavichan.com
作品：《Live Laugh Love：漫・樂・紐約》
臉書專頁：facebook.com/cavichan
Instgram：cavi_chan

Stationery News & Shop
08

下次去郵局買文具——
日本郵局限定文具「POSTA OLLECT」

文字 · 攝影 by Denya

文具店一定買得到文具，就很像是水果店一定買的到水果的定律一樣，無庸置疑。不過在文具大國的日本，郵局也可以買到文具，而且還推出只有在郵局才買得到的系列文具，不難看出日本對文具的執著和熱情。

日本郵局在 2009 年推出「Posta Collect」這個專屬於郵局的文具品牌，主要的宗旨是「心動」，無論是交寄郵件的人，或是透過郵件交流溝通的人之間，能夠有這樣的感動，而設計的系列商品。開發的主要核心要素是「便利」、「精美」、「愉悅」，從後來推出的各項商品中，不難發現這三大要素，真的環繞在所有的商品中。

「POSTA COLLECT」主要以日本的代表色：白與紅來做整體的開發，並且以高辨識度的紅色郵筒，衍生出一系列讓人愛不釋手的實用文具。

說到郵局，代表物當然是明信片和便籤信封組，「POSTA COLLECT」主要推出兩款明信片，一款是紅色郵筒，一款是地方特色。紅色郵筒款又分為單純印上不同郵局分局名稱的郵局名稱版和季節時令版，季節版是限量的，過了這一季沒入手，就只能扼腕，下回請早了。而地方特色版，更是收藏家的心頭好，每一個地區都有專屬自己的特色明信片，讓人在旅遊的同時，透過這樣的明信片，可以留下更多美麗的回憶。

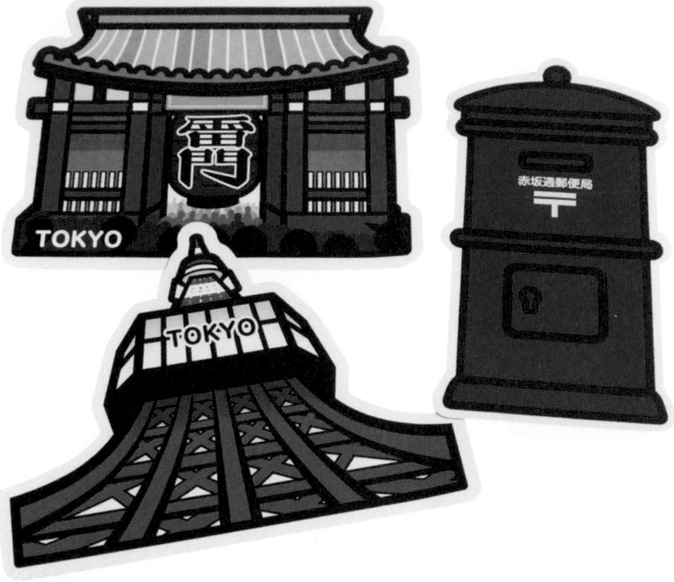

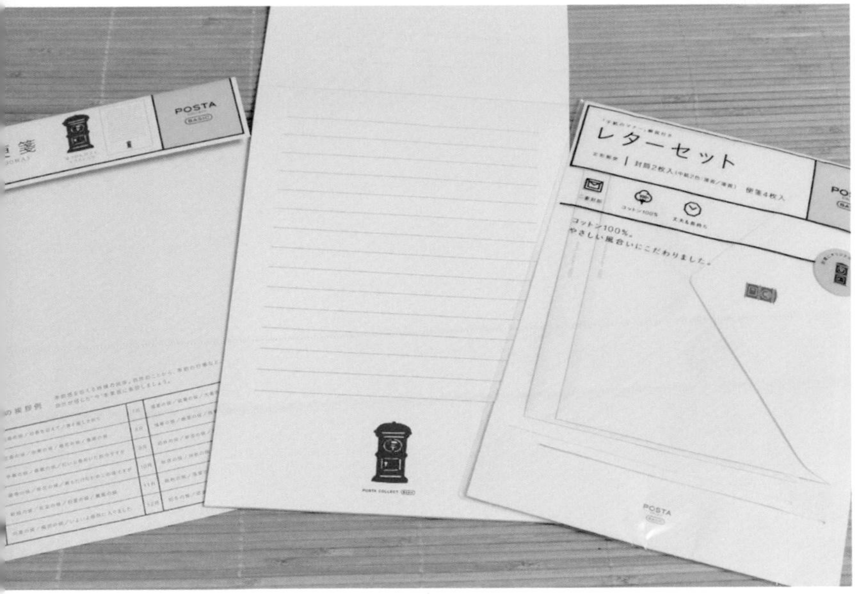

而信封和便籤組，設計非常地清爽，只有紅色郵筒的插圖，但是最特別的地方是，包裝背後有教大家如何寫信才是正統的寫法，和一些季節問候語的用法，相當貼心，也不虧是郵局出品的文具，連寓教於樂的細節，都設想周到。

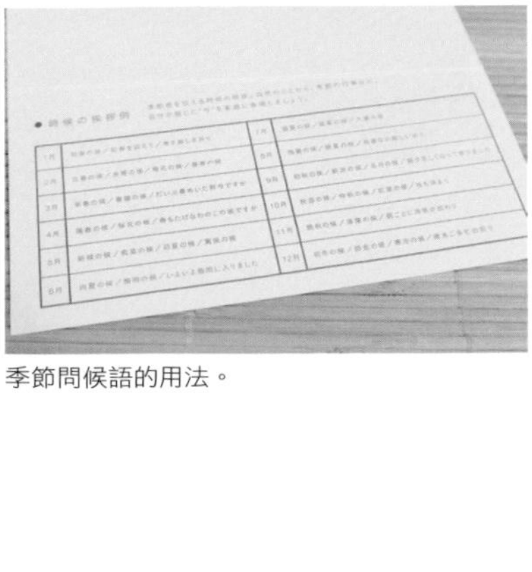

季節問候語的用法。

當然有了紙製品，筆也是在寄件過程中不可或缺的重要道具。「POSTA COLLECT」並沒有推出一般書寫用的筆具，但是過去曾經推出寫包裹用的油性簽字筆，從極細到粗字都具備，而且還是委託大廠 PILOT 所製造的，品質當然不在話下，重點還是放在紅色郵筒的外型，超級吸睛又可愛，也是一推出就搶購一空的周邊產品。我是一點都捨不得打開來使用，光看心情就好啊！

紙筆都兼具了，黏貼工具自然不可少，我最早購入的「POSTA COLLECT」就是郵筒口紅膠。放在辦公桌上，就像是一個 MINI 版的小郵筒，非常療癒，就算不用口紅膠，光是放在桌上當裝飾品，也很吸引人。後來推出的雙面豆豆膠，一改郵筒造型，改用郵務車的圖案，俏皮又具有意義，還把平常的使用長度改成行走距離來標示，非常有創意。而這款豆豆膠也是委託文具大廠 KOKUYO 的 DOTLINER 客製版，只可惜是不能替換的設計，用完就要丟掉了，令人有點失望呢！

about Denya

人生無文具不歡，喜歡活版印刷的手感，
熱愛限量版的獨特，喜歡老派經典的質感，
欣賞創意無限的驚喜！
典雅文具舖 Denya.SW
http：//www.denya-sw.tw

當然，最愛推出限定商品的日本，也沒錯過東京中央郵便局在丸之內的重新開幕，順勢推出了只有這裡有的限定商品，從明信片到紙膠帶應有盡有，可惜辦事不力的我，只入手了紙膠帶一捲，上面的圖案是東京車站的建築圖案，非常有紀念價值，但其他更具意義的周邊，都沒有買到。不過，「POSTA COLLECT」陸續又推出了一系列的限定商品，以後有機會去丸之內，一定不會錯過的。

看著「POSTA COLLECT」的推出，一方面讚嘆日本人的巧思，另一方面也佩服日本人對每一件事物的執著和用心。

世界上能夠在郵局購入文具的國家，其實不少。美國的郵局除了可以買到一般使用的包裹箱外，大一點分局還可以買到一些包裝的周邊產品。而MOOMIN的出生地芬蘭，在郵局裡甚至還可以買到有MOOMIN樣式的包裹箱，在在將國家的藝術特色，和生活結合在一起。下一次大家有機會出國時，不妨試試看文具店以外的地方，繞道當地的郵局裡，寄張明信片給自己，也不忘觀察看看有沒有郵局限定的文具用品喔！

不過西班牙郵局沒有文具就是了，上次有機會去西班牙一遊，硬是要求導遊告訴我哪裡有郵局，特別在自由活動時間一訪，沒想到漂亮的黑黃號角Logo的西班牙郵局，就是沒有推出文具，真是令我好生失望啊……不知道台灣的郵局甚麼時候也能推出郵局限定的文具系列呢？

同場加映

iwako 紅色郵筒橡皮擦，是日本朋友送我的小禮物，雖然不是POSTA COLLECT 推出的周邊，但是一樣超級可愛。Iwako最出名的產品就是造型橡皮擦了，每個款式都唯妙唯肖，細節都很到位。台灣也買得到 iwako 的造型橡皮擦，不過有沒有這個郵筒就不一定了。

「POSTA COLLECT」官方網站：
http://www.postacollect.com/index.html

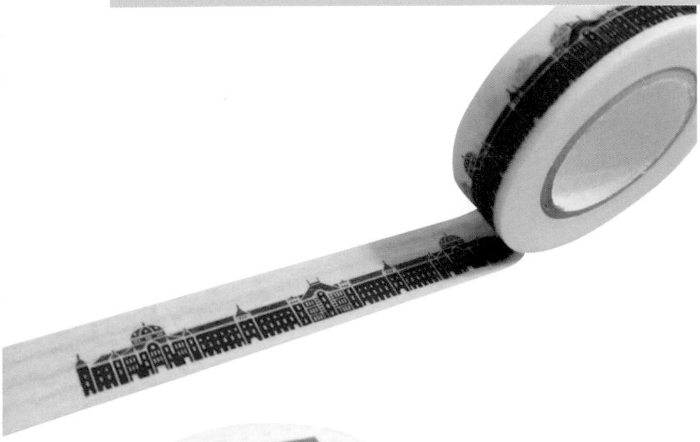

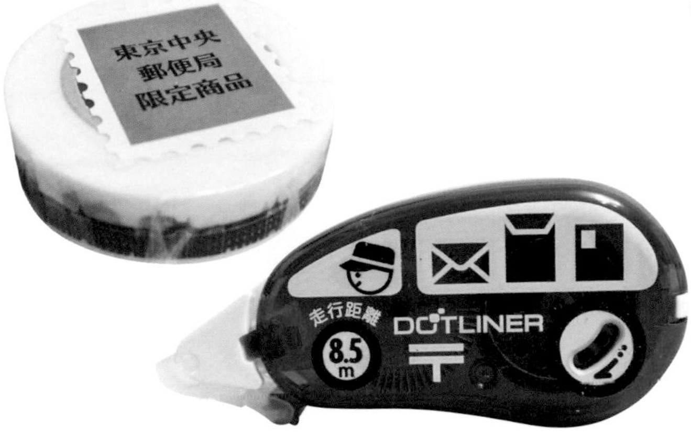

預約簡單卻又不失甜美的一年

amifa 2015 手帳本介紹

文字・攝影 by 潘幸侖

春去秋來，轉眼間又來到年底時刻。總是在每年十月開始思索新年度的手帳本時，感受到時光飛逝之快速。

一百元日幣、折合台幣約30元的Amifa手帳本，延續去年的格式，手帳本同時附贈一本筆記本。封面的多樣性讓人一時之間真不知道該選誰好。

但也正因為價格便宜，所以可以很放心地一口氣買好幾本，一本作為工作用手帳、專門記錄工作事項；一本為學習手帳、仔細記下進修時間；一本為健康手帳，作為每日的體重記錄本……手帳內頁單純，沒有任何裝飾圖案，可以盡情書寫。

也許這樣的手帳本，沒有耀眼的插畫，也沒有繽紛的貼紙，更沒有豐富的旅行票根，但是很貼近自己日常生活的模樣。只要持續不間斷的記錄，某天回頭翻閱的時候，一樣會被自己感動。

文字的力量，不就是這樣日積月累而來的嗎？一筆一劃，一天一夜，雖然緩慢，但都有在持續進行，這樣的感覺竟是如此充實。

一直相信手帳除了有實質的功能，提醒自己不要忘記代辦事項以外，也有勵志的功能。每次寫下新年願望或新年新計劃時，都像是某種特地的療癒儀式。是否能夠實踐願望已是其次，重點是那份「相信自己會變更好」的誠心。

無論是浪漫風的花圈還是簡單大方的花朵，都相當討喜。

點點是萬年不敗的款式，白底水玉和黑底水玉，各有各的特色。

雜貨迷的最愛，票根與郵票拼貼風的手帳本。

照片拼貼風格的手帳本，拼出甜美的味道。

仿筆記本的設計，蓋上巴黎的郵戳，搭配低調的粉色與綠色，是專屬於大人的可愛。

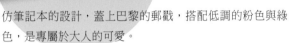

A6 尺寸的手帳本均有再附一本筆記本。

Aimez le style **新品介紹**

Aimez le style 的最新力作 paper book ，也就是包裝紙本，傳統的包裝紙總是捲成筒狀，但若是做成筆記本的格式，也就比較方便收納了。內附信封型版，可以製作手感信封，也可以用在包裝禮物或書衣。

可愛的標籤 貼紙，可以運用在筆記本或信封封面上。

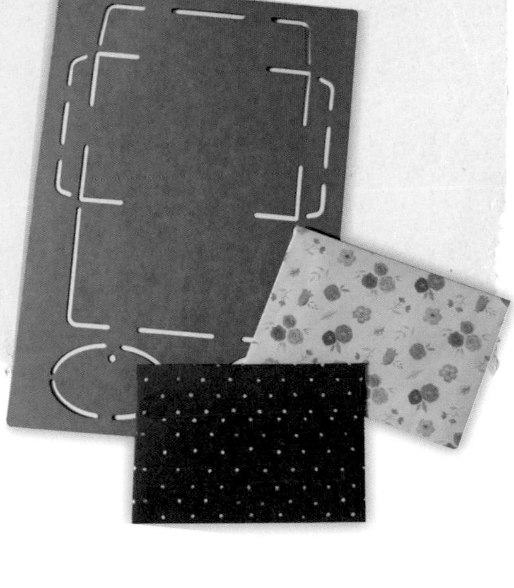

Stationery News & Shop
10

北歐簡約設計風

韓國品牌 Dailylike

文字 · 攝影 by 海兒毛

喜歡紙膠帶的我是循序漸進的愛上，很多年前就開始收集，不算是專家的我，偏好特殊圖案的設計，簡單的線條拼湊更讓我著迷。在這一堆日系品牌當中，韓國品牌「Dailylike」讓我眼睛一亮，超生火的情境示範圖，往往讓我抵擋不住。Dailylike 的設計不同於日系的浪漫風格，它是以簡約線條跟鮮明色調來搭配，時而充滿童趣，時而北歐風的療癒設計，讓人一眼就愛上。

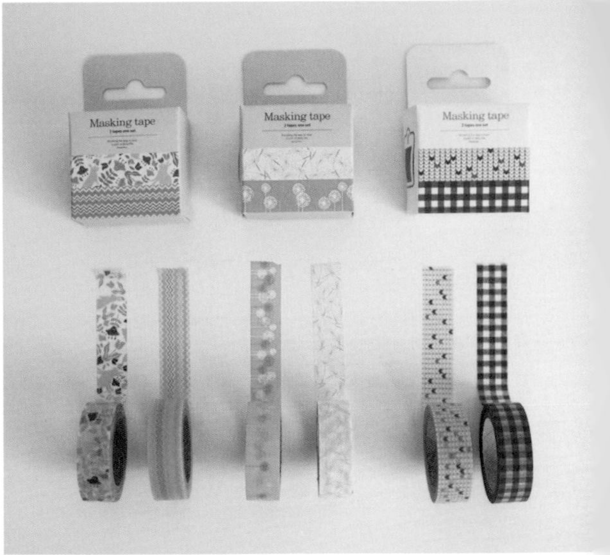

Dailylike 在風格跟系列上很多元，它們擁有自己的設計師團隊專門設計布料圖騰，所以布膠帶可以說是他們的特色，它們標榜為 DIY 材料專業的設計品牌，所以推出了紙膠帶、貼紙、禮品包裝周邊、文具類商品等，更誇張的連派對系列也有唷，我想已經把 Daily like 這句話的意義發揮到極致，用各種創意讓生活充滿手作樂趣。

大家都以為布膠帶一定要用剪刀剪，可是 Dailylike 為了方便使用者，只要用手就可以輕鬆撕取，是不是很方便啊！

不透明的布料材質，更可以貼在透明玻璃上，黏性很強，但卻不殘膠，讓原本鮮明的顏色在玻璃製品上更顯色。

布膠帶以外，讓我驚喜的是這個 A4 布柄貼紙，有寫手帳習慣的我，會買一些素面的記事本，為了怕看久了無趣，也會用貼紙黏貼手帳封面，簡單好用，一張剛好貼一本，讓每換一本小手帳就換一次封面，每次的手帳本都像新的一樣，花色是一貫北歐風格，幾何圖形配色可愛顏色，在朋友當中你的手帳本將會是最可愛的一本，一包有三張不同圖案設計，方便混搭使用。

當然除了紙膠帶，還有派對系列商品，讓你在妝點生日派對或是節慶活動現場，都能讓氣氛加分許多，歐美最愛用的紙吸管，有各種顏色搭配，連簡單的吸管都可以很活潑，這系列完全擄獲我心！

市售紙杯一般都很素，Dailylike 設計出這幾款超美的紙杯，材質超厚，裝了飲料不怕它變軟，讓客人享受飲料的同時也讚嘆紙杯的美啊！除了拿來喝飲料，還可以當筆筒，就算種植多肉植物也很適合，誰叫紙杯那麼美呢！

現在人很重視飲食生活，除了吃的好，在配件上也要美美的，這一組線條手繪風的紙餐墊跟餐巾紙，不搶走食物的美感，像個小幫手似的搭配，清新設計讓一整天心情都好好，就是要有點小巧思，才能讓生活美好。

買了禮物卻還要傷腦筋如何包裝是我們常有的煩惱，但是Dailylike 貼心的幫你把這兩樣設計合併在一起，有了盒子的同時也擁有了美美的花色，每一款都好美，送禮物給朋友時面子裡子都做到，再貼上紙膠帶，書寫給朋友祝福的話，我想收到的人一定很開心。

about 海兒毛

喜歡天馬行空的設計，喜歡手作、拍照、喜歡不一樣的生活態度。
自創品牌「hair。mo」來點創意，來點小巧思，希望商品帶給人可愛溫暖以及開心的氛圍。

除了禮盒還有包裝袋系列，包裝除了圖案本身外，還可以加上自己的一點創意，配上自己手繪的插圖，剪下國外的報紙來搭配，我覺得都會讓包裝更加分。

紙膠帶的運用也可以在包裝上，把自己喜歡的膠帶做些許的變化，就跟市面上的包裝袋不同，又有特色，收到的人都會感受到滿滿的心意。

寫手帳時最喜歡東貼西貼增加本本的美感，Dailylike有許多貼紙組，每一款都好美，女孩們最喜歡花系列，因為充滿了浪漫感。貼紙組已貼心裁好各種形狀，讓你在使用上更方便，撕下來就可使用，可以當分頁貼、備註、注意事項等裝飾，從此不會再錯過任何重要的訊息啦！

每天最快樂的時候就是跟本子還有紙膠帶相處，剪剪貼貼裝飾著手帳本好開心，這屬於自己的小天地裝著自己的祕密，隨時都能回憶生活點點滴滴，自己的小確幸自己創造，我想這就是動手做快樂的地方吧，每一個人都是唯一的設計師，來創造自己的風格吧！

我的必殺絕技，把紙膠帶拿來裝飾拍立得相片，讓每張照片都有了不同生命。

大人的交換日記

漂流本創作爆肝甘苦談！

下篇

漂流本聽起來如此誘人，
有興趣一起玩兒的朋友，
且聽柑仔、檸檬、阿吉、Peggy
和橘枳的漫天亂聊，
了解漂流本進行時的快樂喜悅，
時間臨到頭時的驚險萬分，
靈感又該從何而來？
種種漂流本書寫祕辛與甘苦，
打破沙鍋問到底，說給你聽！

2013.10.13
clear skies
許久沒這樣坐在草地上發呆，真想就這麼躺下去，睡它個天荒地老…
生活中難免有覺得疲累的時候，記得放鬆一下!
HEY, SUNSHINE!
laying in the grass
RELAX
Take time
to enjoy
the
small
things
in life

peggy

想親眼瞧瞧實體漂流本嗎？咱們的漂流本將在2014年底和大家見面，敬請期待！

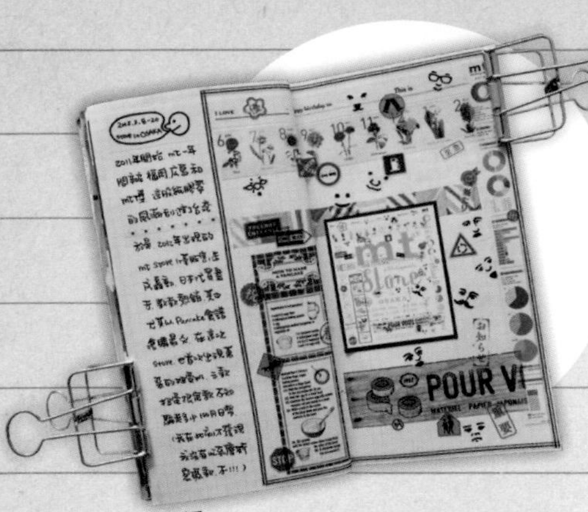

柑仔

檸檬

檸檬

吉

橘枳

柑仔

文字　攝影 by 柑仔　創作 by Peggy・吉・柑仔・檸檬・橘枳

about 柑仔

看到新款文具出品，就會自動變身喪屍的新品種生物，迷失在文具海中無意識的按下購買鍵，享受回復理智後被包裹轟炸的感覺。
叫我「包裹丸」馬細摳以啦。
柑仔的柑仔店
http：//sunkist0214.pixnet.net/blog
http：//www.facebook.com/sunkist214

Q 沒參加漂流本活動前，知道什麼是漂流本嗎？

A

【柑仔】

雖然知道漂流本這個活動，但其他該如何進行？主題內容該做些什麼？舉目望去是一片迷惘，只是肩負要跟大家說明的重責大任，在找團員前是死命纏著Karen問東問西，所以當知道漂流本如此自由奔放，一則以喜，一則以憂，喜的是可以自由發揮，憂的是怕自己靈感匱乏。幸好每次拿到本子就會有怪點子蹦出來，還有欲罷不能的感覺。

【檸檬】

完全不知道！最可怕的是居然沒有主題，殊不知沒有主題就是最困難的主題。當初召集人柑仔說只要五頁而已，一點也不多，就當作五張卡片啊！心裡想應該是還好，不就五張卡片，好像難度也還好吧！完全沒有想到日後會挑燈夜戰（泣）。

【阿吉】

知道！之前有聽朋友在玩，本來也想找幾個朋友自己來玩玩看，但想著想著嫌麻煩就算了，還好這次有參加到，好好玩耶！什麼時候要繼續下一次的？（興奮）

漂流本有各種形式，這種隨意發揮的很好玩，另一種訂定主題的也很好玩！大家可以出盡各種怪招整同伴！比如說請收集五天份的毛，並且拼貼成巴拉巴拉主題之類的……

【Peggy】

不知道耶！第一個直覺是「跟漂流木有關嗎？」，而且聽起來有種流浪他鄉，居無定所的fu好可憐！

【橘枳】

知道也曾經想找朋友玩，人數比較少就兩三個人，一切隨興的結果就是不了了之。這次收到邀約想說終於有機會玩了，傻傻的馬上答應，沒想到認真玩起來這麼驚人！

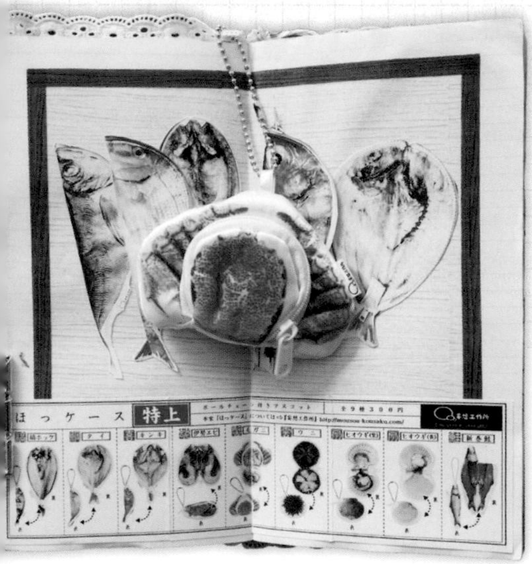

柑仔

吉

柑仔

檸檬

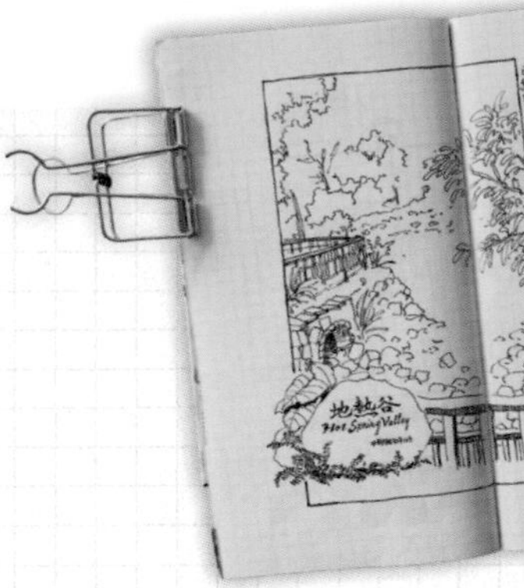

橘枳

檸檬

橘枳

Q 每回收到漂流本的時候，感到最開心的事情是什麼？

A

【柑仔】

看漂友們的作品總是要不時扶著下巴，這組人實在很可怕，每個人的風格都好不一樣，Peggy復古美麗，各種配件搭配之下，每一個跨頁裡都是一個故事；檸檬清爽動人，乾淨簡約或美麗繁複都是風景；橘枳的畫工精緻沒話說，可每次都還是能變出讓人耳目一新的搭配；阿吉則是超級不受控制，每回的風格多變，讓人想都想不到。因為太過期待，每回收到漂流本都無法慢慢拆，不知道撕破了幾個信封，哈哈。

【Peggy】

當然就是看大家又玩了甚麼花樣啊！我記得收到第三個飄流本時，我們全家正要去吃火鍋，拆開的時候碰出一個奇怪的螃蟹小錢包，然後封面還是碎紙拚成的外加一圈蕾絲，我在火鍋店裡一面看內容一面全身顫抖，還伴隨著無法克制的「嘻嘻！ㄎㄎ！……」聲，搞得我們全家人都湊過來看，之後，連我老公都會問；這個月的到了沒？

【阿吉】

當然是看到大家的東西最開心啦，每一次都有認真看內容，忍不住會想像大家在做漂流本時是什麼樣子哩，看到好笑的就會大笑出聲，常常嚇到貓啊（哈哈哈），然後就會發現大家在做的時候是有趕工還是很悠哉。

【檸檬】

最開心的莫過於可以看到大家的創意，尤其是柑仔找的其他幾位漂友，個個才華洋溢，每每翻開都有好多不同的悸動。Peggy 的頁面總讓我版面和顏色有更多層次的認識；橘枳的畫工優異自然不在話下，偶爾神來一筆的顏色或是紙膠帶更讓我驚艷不已；阿吉的風格則是讓我永遠猜不透，從復古、幽默、獵奇等等都能詮釋得恰如其分；至於柑仔，我只能說每翻一頁，嘴角一定跟著上揚十度，最後都笑到合不攏嘴了。

【橘枳】

拆開包裹的驚喜，讓我每回收到都是小心翼翼的拆開，邊拆邊期待這次的內容，還有本子厚度和重量又增加了多少，包裝的袋子一次比一次大，有一種看著孩子越長越大的感覺，製作負責頁面前又會多翻好幾次，每次翻閱除了大笑外還會覺得「這些傢伙到底在想什麼啊，太有趣了！」。

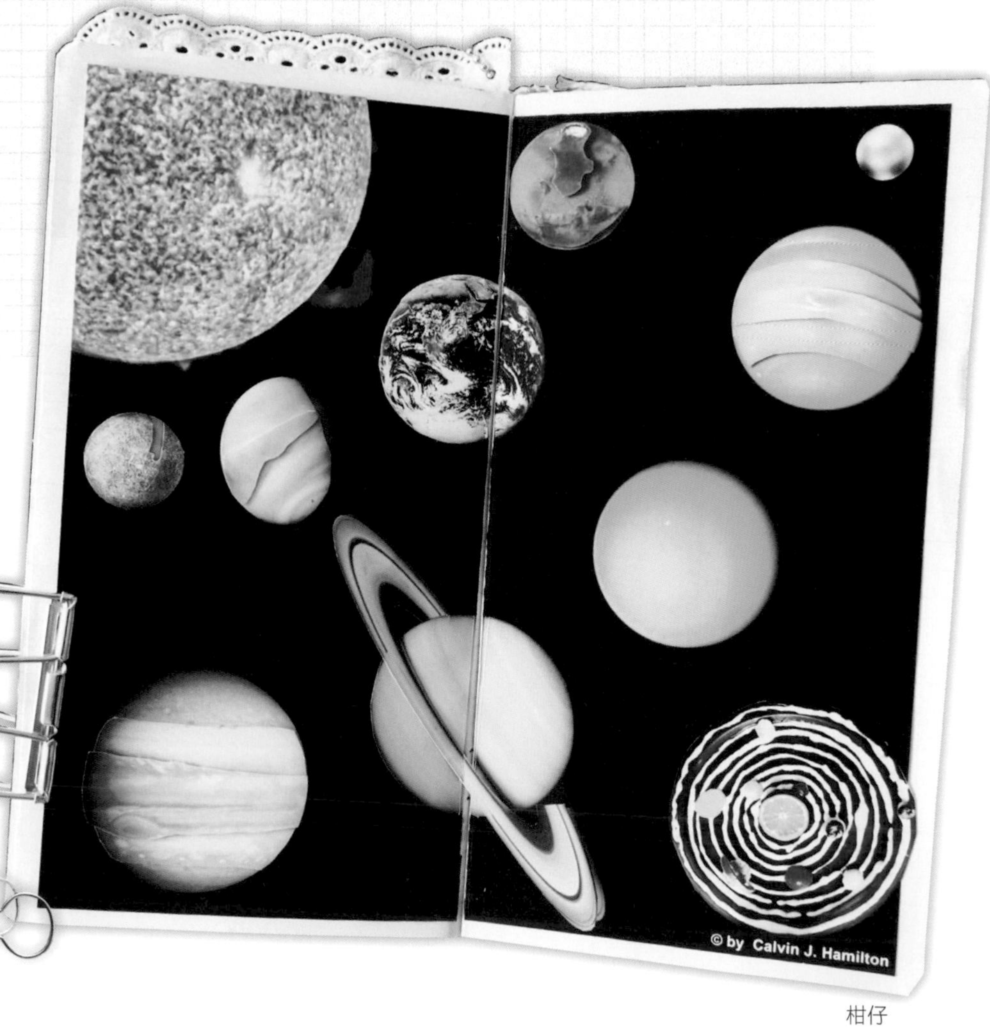

柑仔

橘枳

Peggy

柑仔

Q 每回收到漂流本的時候，感到最擔心的事情是什麼？

A

【柑仔】

最害怕的就是預定寄出的日子，在漂流本漂流的期間，一來是因為一開始列的時程很短，製作的時間有點不夠，加上敝人的劣根性在那當兒表露無遺，好幾回都是臨到頭的前幾天，才開始拚了老命的做，回想起那好些熬到凌晨四、五點的夜晚，漂流本上斑斑的都是我的肝留下的痕跡XDD

【檸檬】

最擔心的還是時間。鮮少用手帳記錄生活的我，要這樣拼貼實在有好大的難度，每次總得想破頭才能擠出更多的創意。而通常一邊想一邊擔心，時間就來到截止日，然後才又開始開夜車，挑燈夜戰。想起那些日子，不但是對肝的凌虐也是對大腦的重度傷害啊！

【阿吉】

其實沒什麼擔心的情緒耶，反正做不完就是熬夜拚完啊哈哈（攤手），不想拼貼就畫畫；想拼貼就拿材料盒出來比對囉！想一想，還真的沒什麼擔心的，雖然總是也跟著哀嚎，但就只是想哀個兩聲，該交出去的時候是一定會完成的，這種算是興趣也是好玩的事情，熬夜也不會覺得累，雖然跟工作總是擠在一起XD

【Peggy】

應該說，還沒收到之前就開始擔心了，擔心這次柑仔究竟給我留了幾天作本本！我不太煩惱要做甚麼東西，因為都是拿當時的生活記錄來發揮，我只擔心時間不夠，因為有工作有家庭要顧，我又不喜歡遲交，所以前幾次都是在半夜趕工的，最輝煌的記錄是三個晚上趕十頁！然後眼睛就壞掉了！原本已經很久不熬夜的我，到現在生理時鐘都還調不過來，所以才會在這個時候（晚上12:33分）寫這份訪談……

【橘枳】

要說擔心我有一種奇妙的情緒起伏，收到的時候沒有特別擔心什麼，是興奮加期待；隨著預計寄出時間逼近才漸漸開始擔心；實際製作的時候不會擔心，總之認真畫就對了；接著寄出當天又開始擔心能不能趕得上；終於寄出後開始期待下一次收件。就這樣來來回回幾次……

Q 漂流本的靈感都是從哪兒來的？

A

【柑仔】

雖然我常常在預定寄出前的半夜才卯起來做本子，但其實拿到本子的那天起不管看到什麼有趣的東西，都會想塞進漂流本裡，像 OYAJI 搭配 HELLO KITTY 這系列，一開始是因為檸檬是 KITTY 粉絲，而柑仔本人是 man 貨，所以想惡搞一下 HELLO KITTY，搭配起來的惡搞感還蠻歡樂的，自己做完也笑呵呵。而收了那麼多次的 mt 展，總有幾次是特別具有意義的，把 mt ex 展海報縮小在 TN 本上，也算是對得起自己的 mt 收藏。現在如果丟給我一本空白本，我可能也還是得到寄出前幾天的半夜才會冒出靈感吧（汗）！

【檸檬】

靈感偶爾來自於日常逛的網頁或是生活中的瑣事，或者是日前手作經驗的累積，但我想最重要的靈感來自於截止日的到來。截止日迫在眉睫時，大腦會驅動手指，快馬加鞭完成作品，這比其他見鬼的靈感都有用 XD

【阿吉】

有時候會自己給自己訂規則，今天出門拿到這幾張 DM，就只能用這幾張 DM 拼貼，然後只可以用

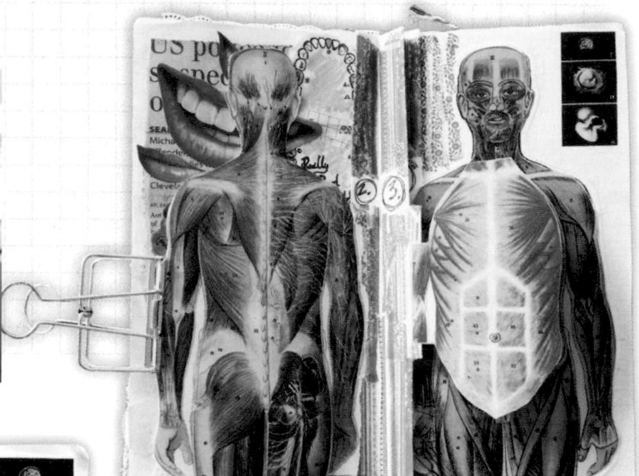

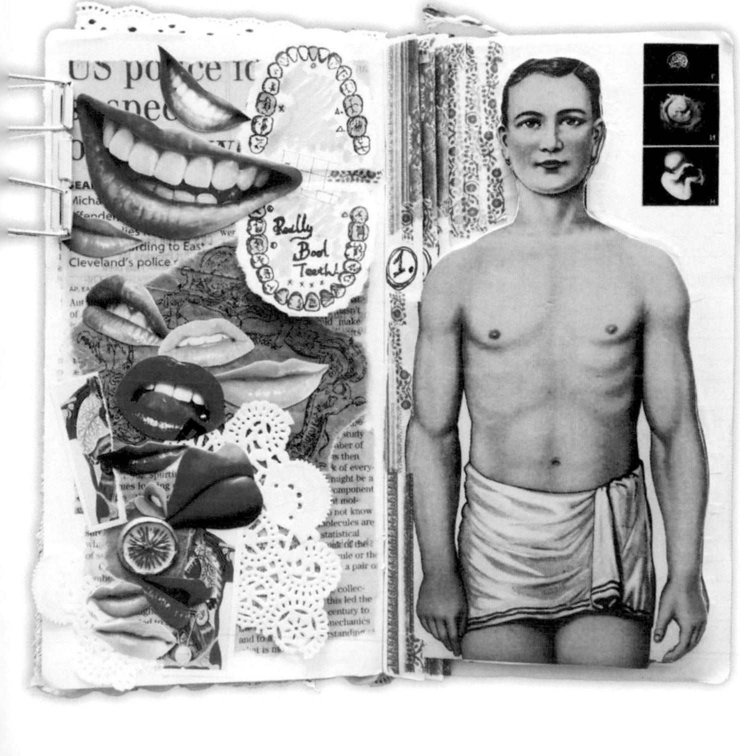

吉

兩卷紙膠帶做裝飾，其他可以用手繪補足，這樣也好玩，有時候拿到的東西覺得會想到某首歌或是兩句詩，就一起寫上去了。與其說是記錄生活，比較像是捕捉靈感或是片段吧，隨意創作畫面。有時會看對象，比如說這本最後會到柑仔手上，同為人體器官愛好者，當然是給他大大地來一具人體在裡面囉！有時候會想玩玩看可以怎麼做，像是層疊的花，想試試看這樣的層次，或是圈DM文字的字首拼成一首詩之類的。

【Peggy】

基本上我是拿本本當生活記錄的，照片通常是主角，所以這次我決定將漂流本當小型相編作品來製作，沒相片時就當卡片來做，網路上的作品、明信片、海報，甚至是我自己教卡片課時示範的紙片，上美編課時做的小卡，都會給我設計的靈感。

【橘枳】

我平時有繪圖記錄生活的習慣，剛好那段間參加了一連串的導覽活動，台北市十二個行政區各取幾個點走了一遭，真要記錄得花好一陣子，加上自己怠惰，又不知何時能完成。藉由這次漂流本活動，也嘗試不一樣的畫法組合畫面，畫了一圈台北，十二區篇幅不一，雖然未必能作為代表，但覺得挺有意思的。

檸檬

檸檬

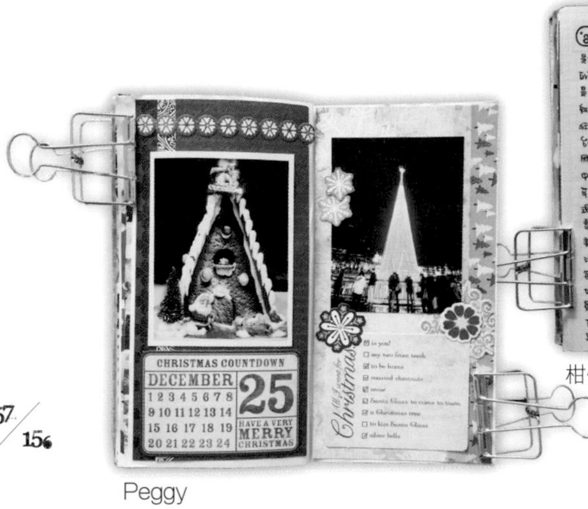

Peggy

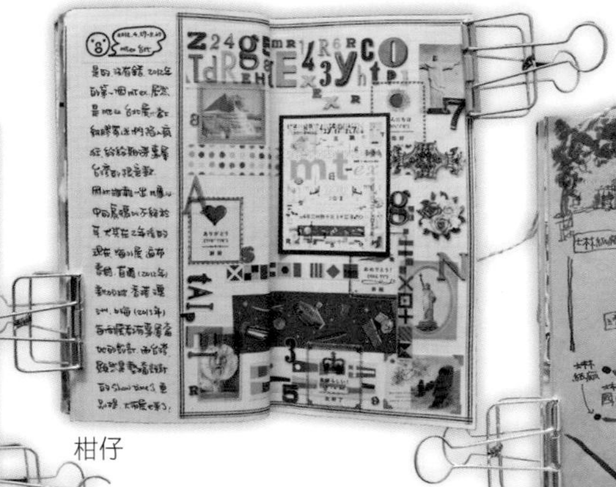
柑仔

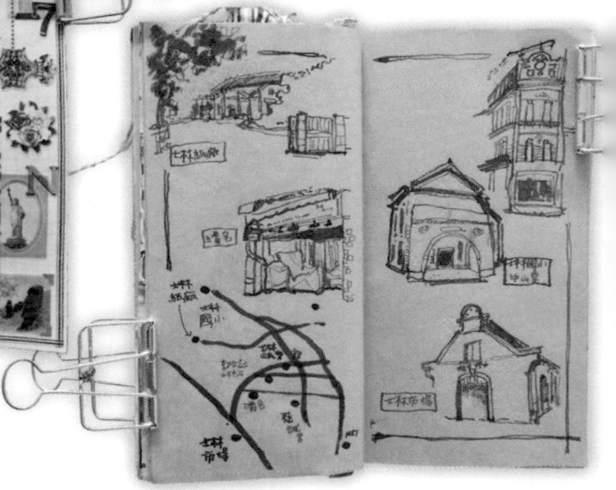
橘枳

檸檬

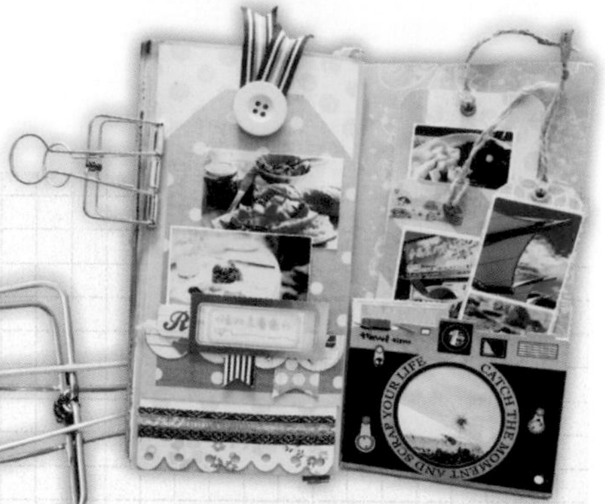
Peggy

橘枳

Peggy

Q 製作一次（五個跨頁）的漂流本大概需要花多少時間？

A

【柑仔】

雖然五個跨頁聽起來不多，但從想好了到動手開始做，慢手柑仔要花上好幾個晚上才能完成，回想起來好像有看到幾次日出……

【檸檬】

構思的時間通常會是拿到本子那一刻起，大腦就不停運轉，不過真的實際動手完成，通常是在截止日前幾個夜晚（然後會在電腦前互相問大家進度，藉以讓自己放心）。

【阿吉】

完全沒有一定（噗），想創作的時候不到一個晚上就全部弄完，沒想法放三天也生不出一頁啊！

【Peggy】

大概一個禮拜吧！後來做得順手後，真正動手製作的時間大概三天左右。

【橘枳】

不一定，有時候畫畫停停，有時候一口氣畫完，通常是因為截止日到了，趕在郵局鐵門拉下前幾分鐘完成。

Q 推薦一下這次漂流本裡最得意的作品吧！

A

【柑仔】

在某一回漂流本漂到手上時，一直喜歡怪東西的我，剛好去扭蛋機扭了妄想工作室設計，一款魚蝦蟹擬實外表加上打開是內臟的怪怪海鮮零錢包，於是就把那個跨頁設計成木托盤，把立體零錢包擺上了木托盤，假裝成海鮮攤。據說Peggy收到的時候正在吃火鍋，逗得他們一家子笑呵呵。另外OYAJI搭配復古女郎裙子飛超高的畫面，跟OYAJI跟KITTY可以把衣服拔起來彼此變裝的那個跨頁我也挺喜歡的！

【檸檬】

最喜歡的應該是最後輪到的一本，也是某一本的最後一頁。找了許多歷年來手作的碎紙頭，可能是水彩染的，可能是壓克力刷的，也有可能是酒精性顏料等等，將其裁成等寬的長條狀，按著彩虹的色階排列，再用字母打孔機打出LEMON和ART，覺得這是最可以代表自己歷程的作品，所以好喜歡。另外有一頁時鐘人的，帶著點小小詭異，也好尬藝！

【阿吉】

每一頁都很喜歡！不喜歡就不會交出去了。

【Peggy】

畫材紙和牛皮紙這兩本應該是我最喜歡的。雖然TN的畫材紙根本不適合畫畫，但是因為有厚度，我還是可以在上面揮灑自己喜歡的顏料，這本除了拍天空的那一個跨頁不甚滿意外，其他的自己都還算滿意。收到牛皮紙本那幾週，正巧活動比較多，也拍了不少好照片，所以做得很順，其中最喜歡的應該是大掛鐘的那個跨頁，剛巧前些天小兒子跟我有一段關於死亡的有意思談話，於是做出了這個頁面，很喜歡！最後一本中，仰望雪人那個跨頁我也還蠻喜歡的，嘻！

【橘枳】

都蠻喜歡的，每次嘗試都有不一樣的新發現。

柑仔

Peggy

Peggy

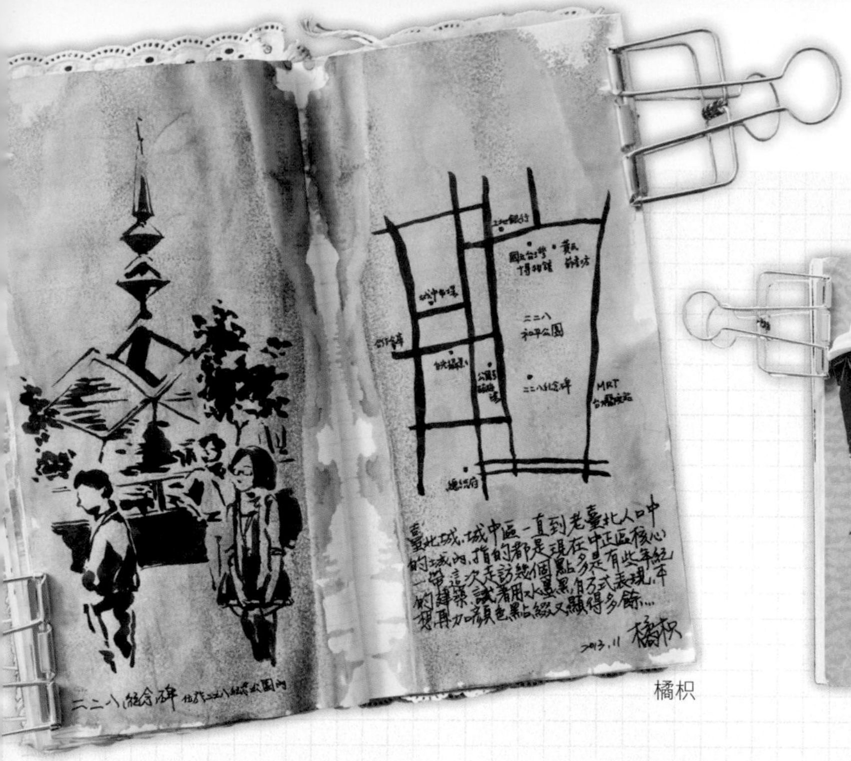

橘枳

柑仔

吉

吉

橘枳

Q 辛苦了這幾個月之後，還想繼續參加漂流本活動嗎？

A

【柑仔】

要！（秒答）過程雖然辛苦，但是成品實在太驚人了！看到塞滿精采作品而膨脹的本子，心裡亂有成就感的。

【檸檬】

想了五十秒，要！雖然過程好累好累，但是幾位漂友的作品讓我獲得更多啊！

【阿吉】

要！這個實在好好玩，拜託找我找我（跳）

【Peggy】

這個嘛，我先跟眼睛還有肝腎討論一下……

【橘枳】

先讓我天人交戰一會兒，這活動真是讓人又愛又恨，看到本子日漸茁壯，漸漸塞滿各式想法的過程太有趣了。好吧，有機會的話我跟！

檸檬

檸檬

Peggy

吉

Q 想對這次漂流本活動的漂友們說些什麼呢？

A

【柑仔】

謝謝 Karen 給我們一個開頭，謝謝 Peggy、吉、橘枳、檸檬願意一起參加，一起熬夜（？），一起激盪出好多創意的火花，好喜歡你們喔（順便沾沾自喜自己真是很會找人）！

【檸檬】

謝謝 Karen 給我們這個機會，謝謝柑柑的居中安排（必須說，當初你找我真是嚇壞我了，這個陣仗真的太讓人吃驚），也謝謝 Peggy、橘枳和阿吉讓我認識更多不同的創作，更感謝有你們一起熬夜的每個夜晚。

【阿吉】

謝謝你們不嫌棄我這麼脫韁 XD，可以跟你們在同一組本子裡面創作，真的是一輩子都不會忘記的回憶！下次還要一起玩噢！

【Peggy】

你們實在是太強大，太有才，太會拖了！超愛你們的！英明的組長萬歲！

【橘枳】

哈哈哈，雖然進行期間大家總是一遍哀嚎，但還是完成了（灑花），謝謝你們讓我加入這個有趣的小組，太喜歡你們了！有機會再一起玩吧！

畫畫我的水彩色鉛筆

是水彩，也是色鉛筆；但卻比水彩更簡單，
比色鉛筆更豐富，兩種驚喜一次滿足，
這就是一碰就會不可自拔愛上的水彩色鉛筆。
這一期克里斯多，
又會跟大家分享什麼溫暖又富療癒感的畫作呢？

about 克里斯多

商學出身，從沒學過畫畫，不知是勇敢還是反骨，
也或許是被雷劈到忽然開竅我忘了，
半路出家，拿起水彩色鉛筆畫出一座「克里斯多插畫森林」。

更多水彩色鉛筆作品，請上：www.crystalhung.tw
或參考克里斯多個人著作《水彩色鉛筆萬用魔法書》

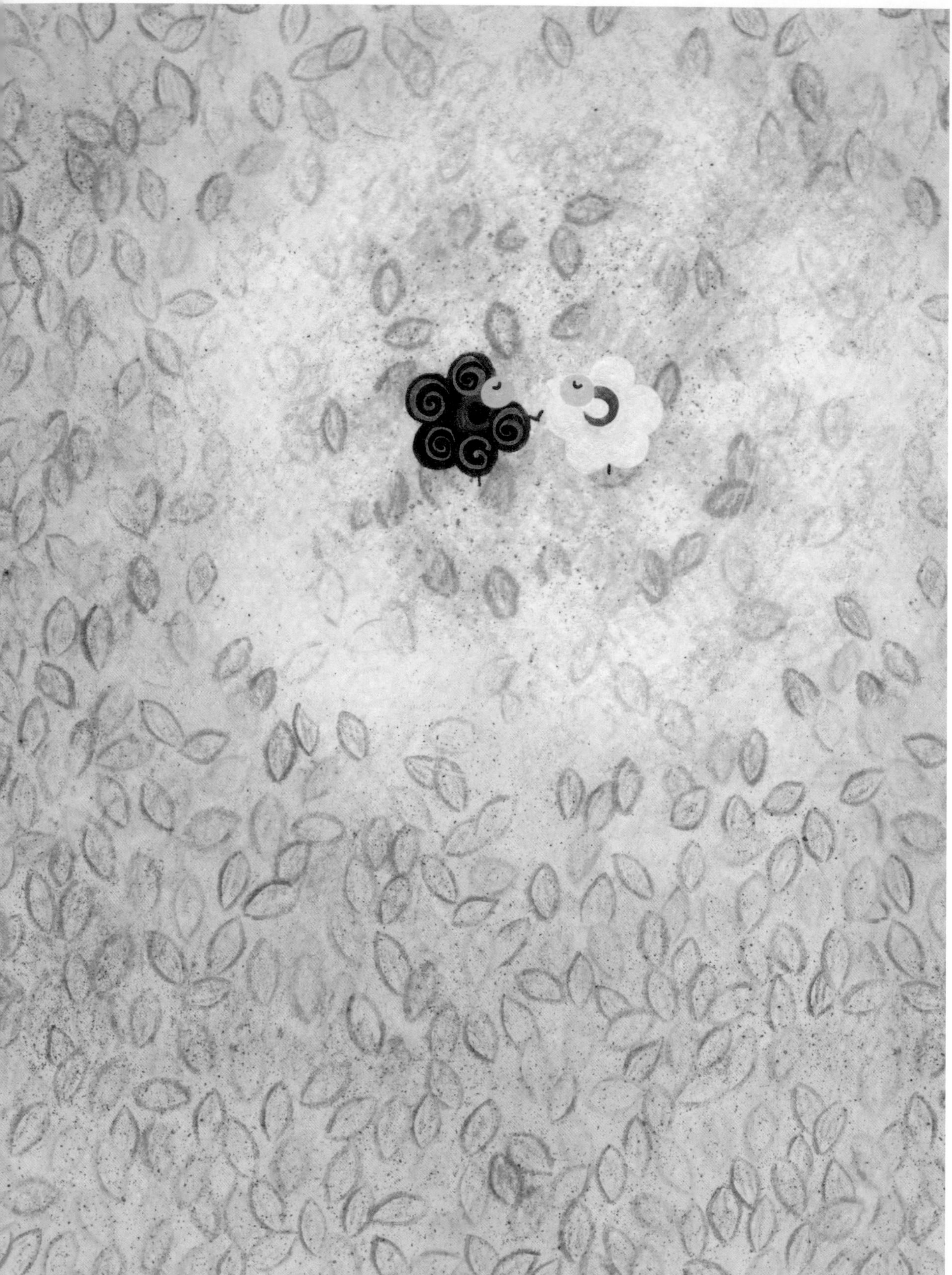

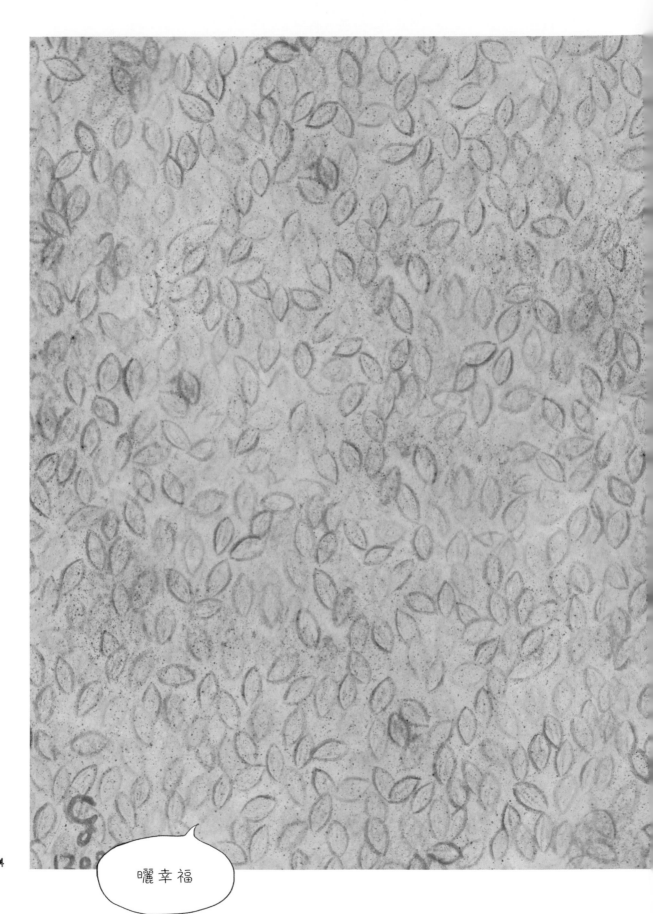

曬幸福

How
to
Make

畫葉子

(01) 先畫好黑白羊。

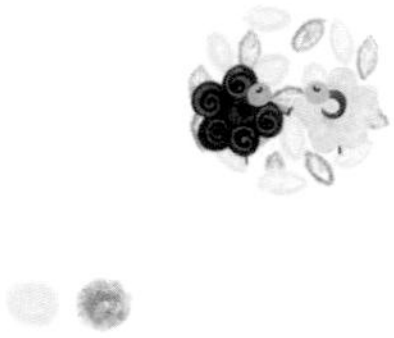

(02) 水彩色鉛筆不沾水直接畫葉子，先畫一圈黃及棕色葉子。

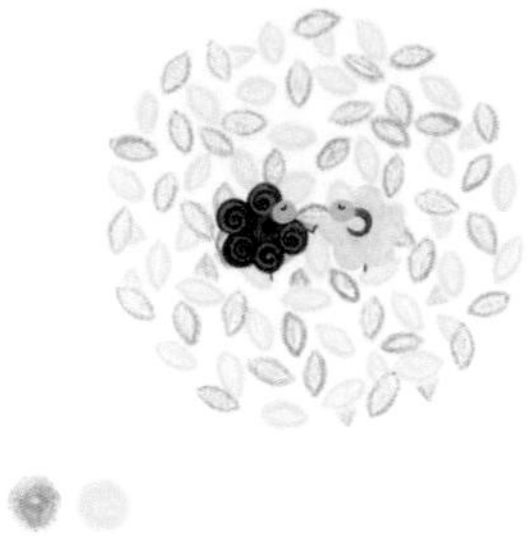

(03) 再向外畫一圈黃和橄欖色葉子。

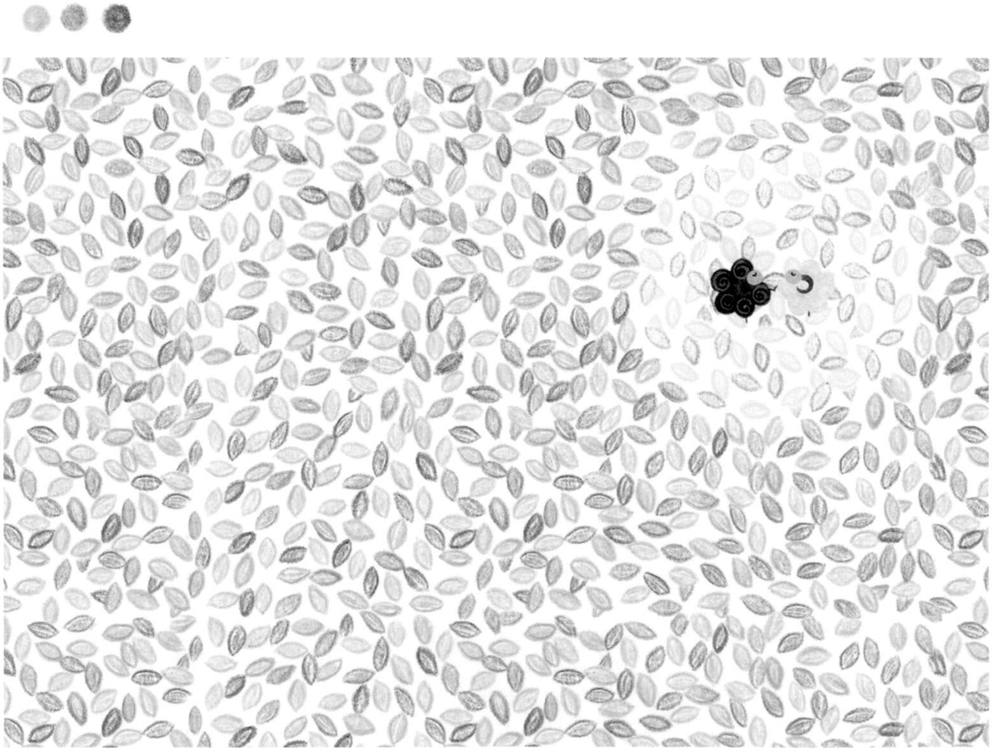

(04) 剩下的地方都鋪滿各種綠色的葉子。

加水暈染

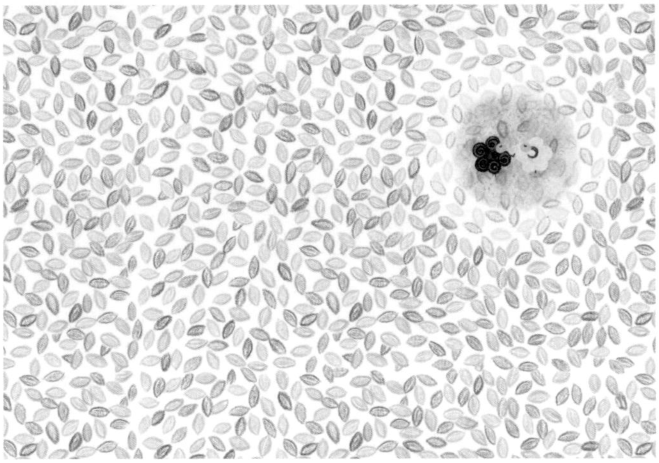

01 先暈染開最內圈的黃及棕色葉子。

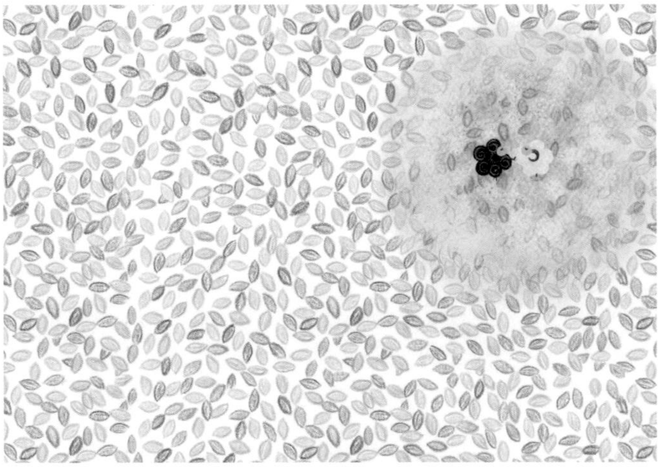

02 再向外一圈，暈染開黃和橄欖色葉子。

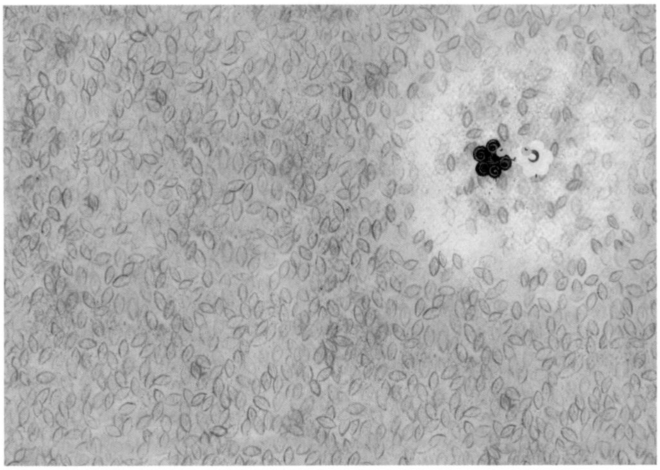

03 最後再向外暈染開剩下的綠色葉子。

全部暈染完，覺得顏色過淺或葉子過少時，可以再多畫上葉子並暈染開，重複步驟直到是喜歡的樣子。

祝福

鉛筆打草稿

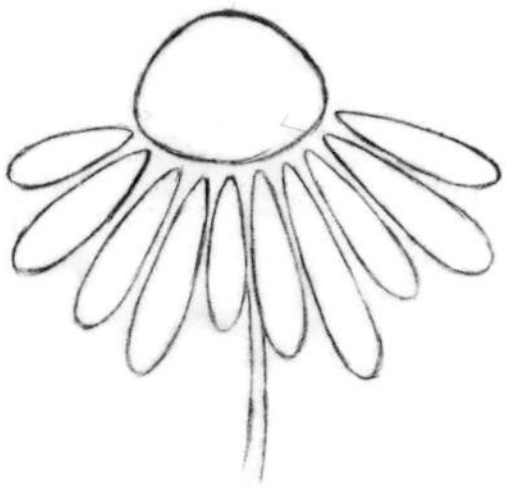

01 一朵大花。

02 旁邊再長出兩朵小花。

03 接著還有房子。

04 最後飛出兩隻美麗的蝴蝶。

鉛筆草稿去除小撇步

① 用寫不出水的斷水原子筆，在鉛筆稿上再用力描繪一次，留下草稿的輪廓痕跡。
② 擦掉鉛筆稿，紙上就會出現草稿的輪廓痕跡。
③ 上色。

點點畫祕訣

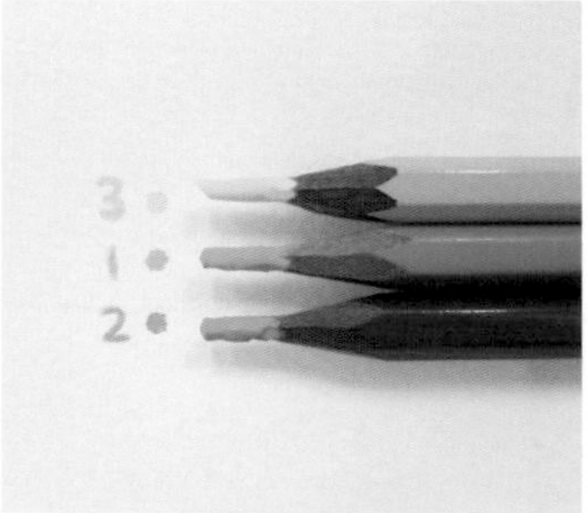

01 選出同色系三隻不同深淺的水彩色鉛筆，沾水點畫的順序為中間色，深色，淺色。

02 直接將水彩色鉛筆沾水。

03 不斷點點點，點的越密，越看不見空白，就越漂亮唷！

點點花使用顏色

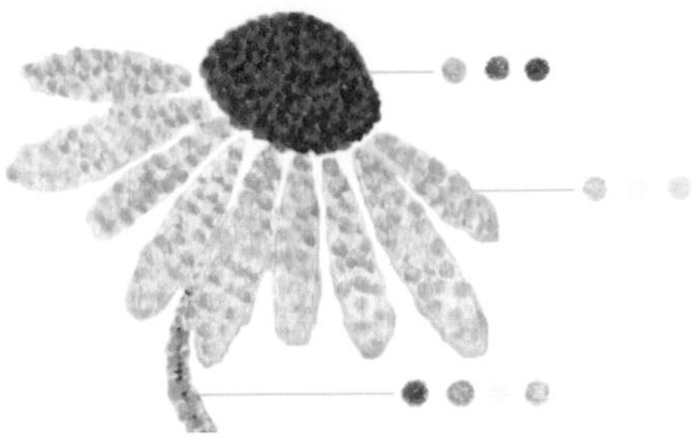

背景暈染技巧

01 房子上色後，最後用水筆向水彩色鉛筆取色，開始暈染背景。

02 下面花的部份暈染上淺淺的粉紅色。

03 天空左半邊暈染上鵝黃色。

04 鵝黃色延伸到右半邊的天空再暈染上天藍色即完成。

SAKURA
櫻花牌
我用
PIGMA
畫世界
防水、防褪色、耐光性佳
適用於無酸環境、無毒
墨水不透過大部分紙張
墨水乾後不暈染
— 適用於 —
描線、插畫、漫畫、原稿創作
製圖、禪繞藝術、剪貼簿
橡皮圖章製作
筆格邁彩繪軟毛筆 毛筆刷式筆頭
筆格邁代針筆 筆針式筆頭
總代理 MOON LIGHT 月光貿易股份有限公司 TEL / 02 2555-0656 FAX / 02 2556-9204
月光創意文具

bon matin 57

文具手帖 season:07 旅行中，寄明信片給自己。

總編輯　張瑩瑩
副總編輯　蔡麗真
美術編輯　林佩樺、鄧淑方
封面設計　IF OFFICE

責任編輯　莊麗娜
行銷企畫　黃怡婷

社　長　郭重興
發行人兼出版總監　曾大福
出　版　野人文化股份有限公司
發　行　遠足文化事業股份有限公司
地址：231新北市新店區民權路108-2號9樓
電話：（02）2218-1417　傳真：（02）86671065
電子信箱：service@bookrep.com.tw
網址：www.bookrep.com.tw
郵撥帳號：19504465遠足文化事業股份有限公司
客服專線：0800-221-029
法律顧問　華洋法律事務所　蘇文生律師
印　製　凱林彩印股份有限公司
初　版　2014年11月05日

定　價　350元
套書ISBN　978-986-5723-91-0

歡迎團體訂購，另有優惠，請洽業務部（02）22181417分機1120、1123

國家圖書館出版品預行編目(CIP)資料

文具手帖. Season 7, 旅行中，寄明信片給自己。/ Denya 等著. -- 初版. -- 新北市 : 野人文化出版 : 遠足文化發行, 2014.11　面；　公分. -- (bon matin ; 57)

ISBN 978-986-5723-91-0(平裝)

1.文具 2.商品設計

479.9　　103017639

野人

野人文化
讀者回函卡

感謝您購買《文具手帖Season 07：旅行中，寄明信片給自己。》

姓 名 □女 □男 年齡

地 址

電 話 手機

Email

學 歷 □國中(含以下) □高中職 □大專 □研究所以上

職 業 □生產/製造 □金融/商業 □傳播/廣告 □軍警/公務員 □教育/文化 □旅遊/運輸 □醫療/保健 □仲介/服務 □學生 □自由/家管 □其他

◆你從何處知道此書？
□書店 □書訊 □書評 □報紙 □廣播 □電視 □網路
□廣告DM □親友介紹 □其他

◆您在哪裡買到本書？
□誠品書店 □誠品網路書店 □金石堂書店 □金石堂網路書店
□博客來網路書店 □其他____________

◆你的閱讀習慣：
□親子教養 □文學 □翻譯小說 □日文小說 □華文小說 □藝術設計
□人文社科 □自然科學 □商業理財 □宗教哲學 □心理勵志
□休閒生活（旅遊、瘦身、美容、園藝等） □手工藝／DIY □飲食／食譜
□健康養生 □兩性 □圖文書／漫畫 □其他

◆你對本書的評價：（請填代號，1. 非常滿意 2. 滿意 3. 尚可 4. 待改進）
書名____封面設計____版面編排____印刷____內容____
整體評價____

◆希望我們為您增加什麼樣的內容：

◆你對本書的建議：

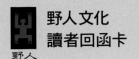

廣　告　回　函
板橋郵政管理局登記證
板橋廣字第143號

郵資已付　免貼郵票

23141
新北市新店區民權路108-2號9樓
野人文化股份有限公司 收

野人

請沿線撕下對折寄回

野人

書名：文具手帖Season 07：旅行中，寄明信片給自己。

書號：bon matin 57